图解乐高 EV3
传感器 DIY 制作

刘 欣 编著

科学出版社
北 京

内 容 简 介

乐高EV3自2013年上市至2021年停产期间，积累了庞大的用户群体。对于如何让手中的乐高EV3免于闲置，并结合市面上常见的电子元器件、传感器来实现更多创意的问题，本书给出了答案。

全书共分为4章。以图解的形式，从自制基础工具开始介绍，讲解使用电子元器件自制传感器的方法，展示常用传感器及导电滑环在EV3上的使用场景，拓展介绍了在制作过程中必须掌握的焊接技术。为了帮助读者更好地理解和实践，第2、3章均附有拓展范例。

本书适用于拥有乐高EV3的用户、机器人爱好者及乐高教育等机构。

图书在版编目（CIP）数据

图解乐高EV3：传感器DIY制作 / 刘欣编著. 北京：科学出版社，2025. 1. -- ISBN 978-7-03-080287-3

I. TP242.6-64

中国国家版本馆CIP数据核字第2024BD6975号

责任编辑：许寒雪　杨　凯 / 责任制作：周　密　魏　谨
责任印制：肖　兴 / 封面设计：郭　媛

科学出版社 出版
北京东黄城根北街16号
邮政编码：100717
http://www.sciencep.com

北京中科印刷有限公司印刷
科学出版社发行　各地新华书店经销

*

2025年1月第 一 版　　开本：787×1092　1/16
2025年1月第一次印刷　　印张：6 1/2
字数：121 000

定价：68.00元
（如有印装质量问题，我社负责调换）

目　录

第 1 章　准备工作

- 自制 EV3 水晶头网线钳　003
- 自制万能连接线　011

第 2 章　传感器 DIY

- 触动传感器　020
- 干簧管传感器　035
- 电位器传感器　042
- 光敏电阻传感器　052

第 3 章　常用传感器及导电滑环应用

压力传感器　072

温度传感器　077

霍尔传感器　079

导电滑环　081

第 4 章　焊接技术入门

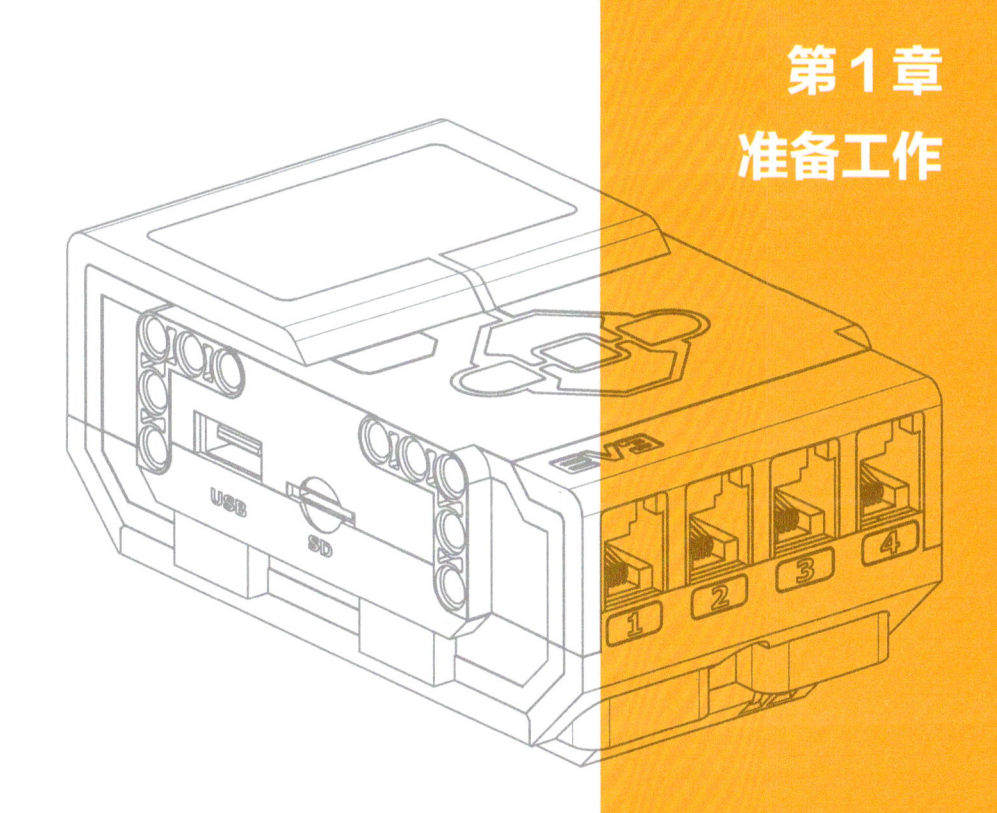

第 1 章
准备工作

乐高公司开发的第三代头脑风暴机器人——LEGO Mindstorms EV3（以下简称 EV3）于 2013 年上市。EV3 内置 1 个扬声器、1 个 USB 端口、1 个 Mini-SD 读卡器，以及 4 个输入端口（1、2、3、4 端口）和 4 个输出端口（A、B、C、D 端口，也称电机端口）。支持通过 USB、蓝牙、Wi-Fi 与计算机进行通信。

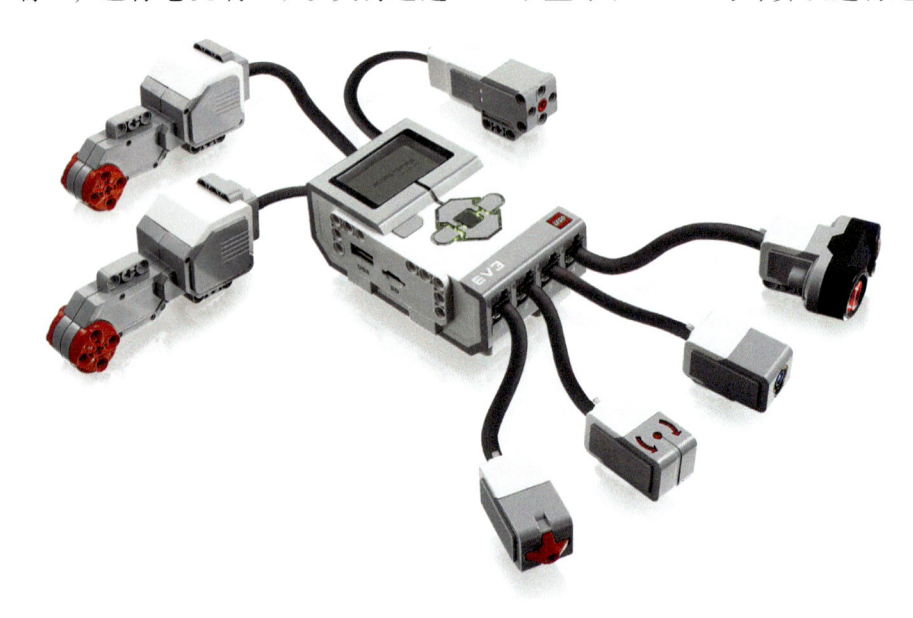

LEGO Mindstorms EV3

EV3 的保有量非常高，而乐高官方提供的传感器种类相对较少，这在一定程度上限制了 EV3 的创意发挥和实际应用。鉴于此，本书希望结合使用电子元器件自制的传感器，以及 Arduino 等控制板支持的常见传感器，帮助广大 EV3 用户更有效地利用手中的主机，进一步发掘 EV3 的多样用途，避免 EV3 因传感器种类不足而被闲置。

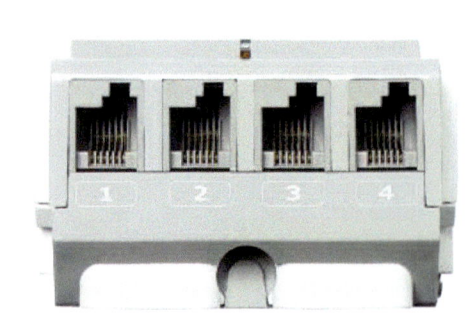

EV3 的 1、2、3、4 端口

虽然 EV3 官方提供的传感器种类相对较少，但幸运的是，EV3 的 1、2、3、4 端口支持模拟量信号的输入，这意味着我们可以使用自制的模拟传感器和市面上的模拟传感器来扩展其功能。

不过，在使用这些非 EV3 官方模拟传感器之前，我们还需要做一些准备工作。

自制 EV3 水晶头网线钳

我们从下图中可以看出，EV3 水晶头为偏头 6P6C 水晶头。虽然在电商平台上容易购买到 EV3 水晶头，但适用于加工这种水晶头的网线钳却相对难以找到。因此，我们来动手制作一把适用于 EV3 水晶头的网线钳。

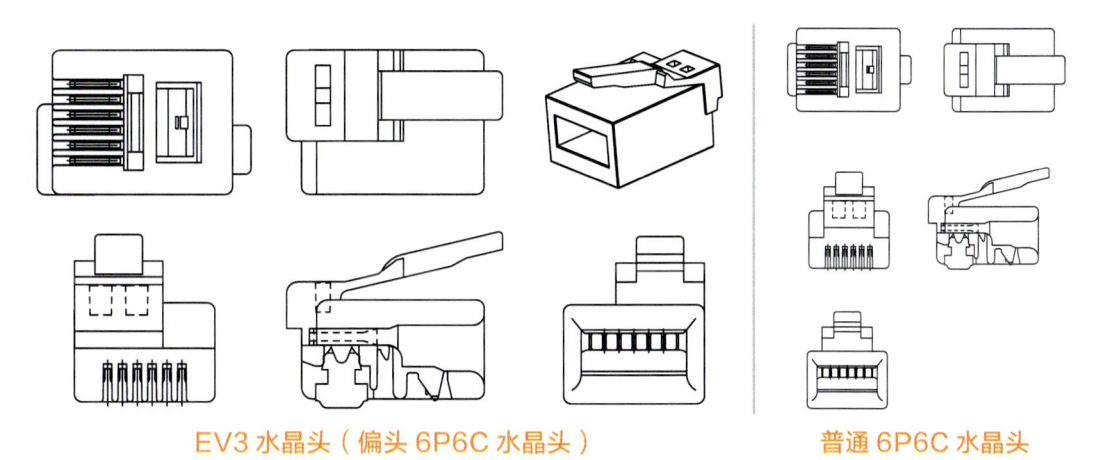

EV3 水晶头（偏头 6P6C 水晶头）　　　　普通 6P6C 水晶头

准备一把常规的网线钳。

004 | 图解乐高 EV3 传感器 DIY 制作

将这三个地方依次卸下。

先卸下 C 形卡簧和销子。

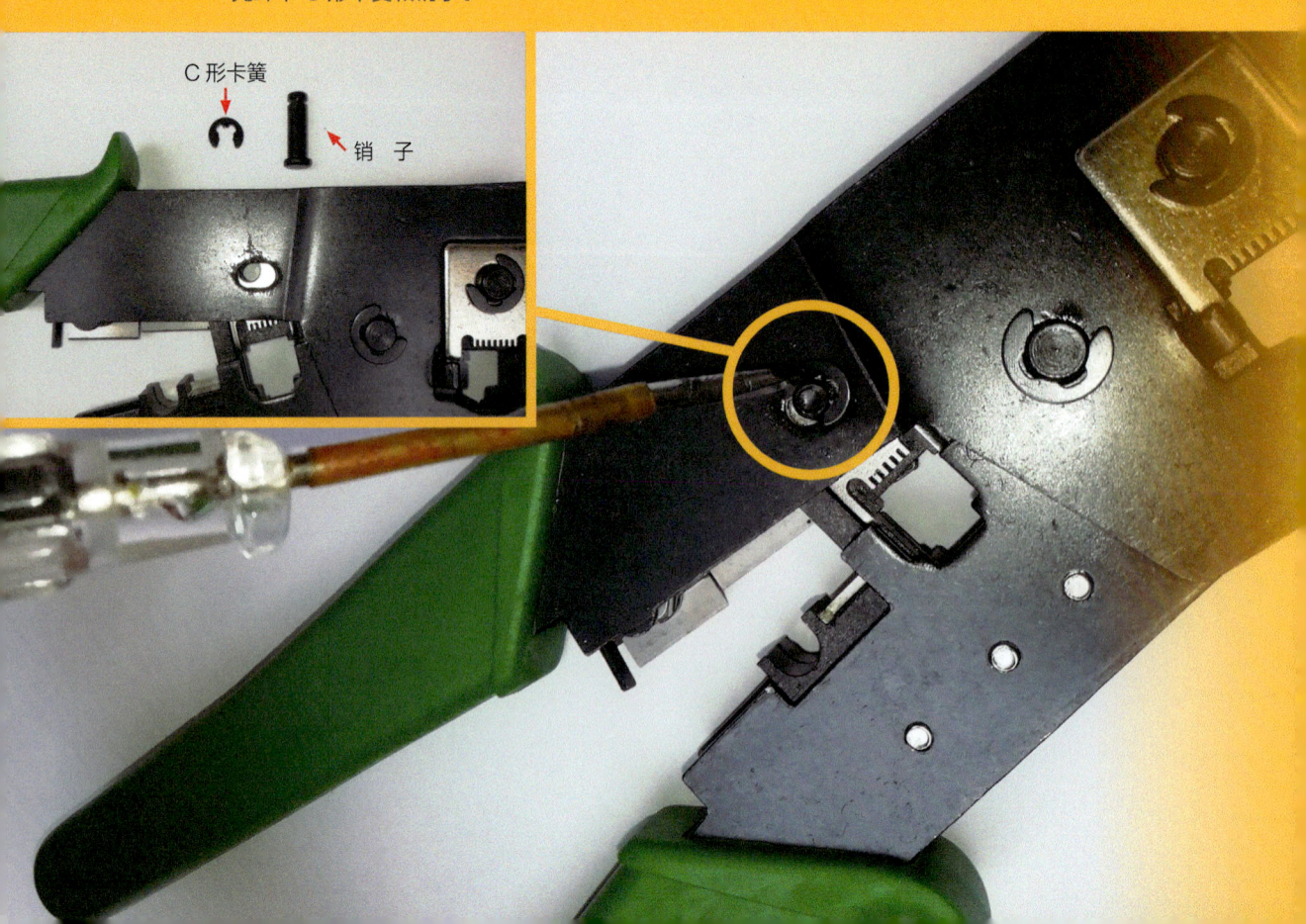

C 形卡簧　销子

第 1 章　准备工作 | 005

再卸这两个螺丝。

卸完后，取下网线钳的核心部分。

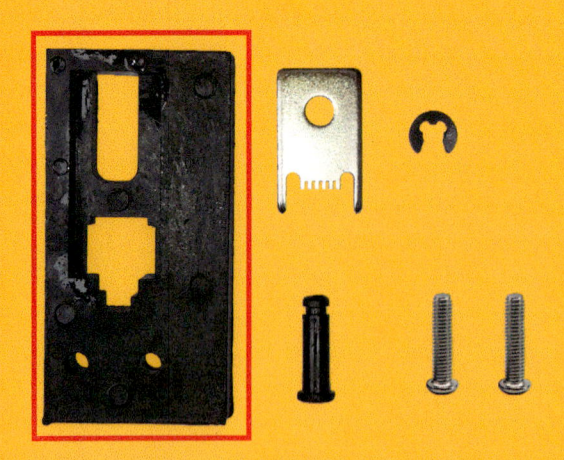

进一步拆解网线钳的核心部分，得到红框中的零件。

此时，EV3 水晶头是放不进去的，我们需要去掉图中标出来的部分，使其刚好可以放入 EV3 水晶头。

需要去掉的部分

具体做法是，把卸下来的部分夹在台虎钳上，使用整形锉刀（什锦锉刀）慢慢锉。

整形锉刀（什锦锉刀）

从图中可以看出，画圈的部分已经被锉掉一小截了。锉的时候一定要有耐心，务必牢记不要一次性锉得过度。

建议每锉几下就用EV3水晶头测试一下，看看是否能顺畅插拔。以EV3水晶头能够在插入后既不会主动脱落，又能顺畅地被插拔为宜。

将锉好的零件装回网线钳中，使用原有的螺丝进行定位，但暂时不要拧紧。此时，我们会发现零件与网线钳原来的金属口不适配了。为此，需要再次借助台虎钳和整形锉刀对金属口进行适当的修整。

画圈的部分是需要锉掉的，将其锉至与内部表面齐平。

在锉的过程中，经常停下来观察是一个良好的习惯。待锉得差不多的时候，尝试插入 EV3 水晶头。

第 1 章 准备工作

这就完成了吗？并非如此。插入 EV3 水晶头时会发现受到了阻挡，无法将 EV3 水晶头插到正确的位置。因此，还需要对金属口的另一侧进行相应的处理，将其同样锉至与内部表面齐平。

锉到 EV3 水晶头能够恰好完整地嵌入网线钳的钳口位置就可以了。此时可以把没拧紧的螺丝，全部拧紧。

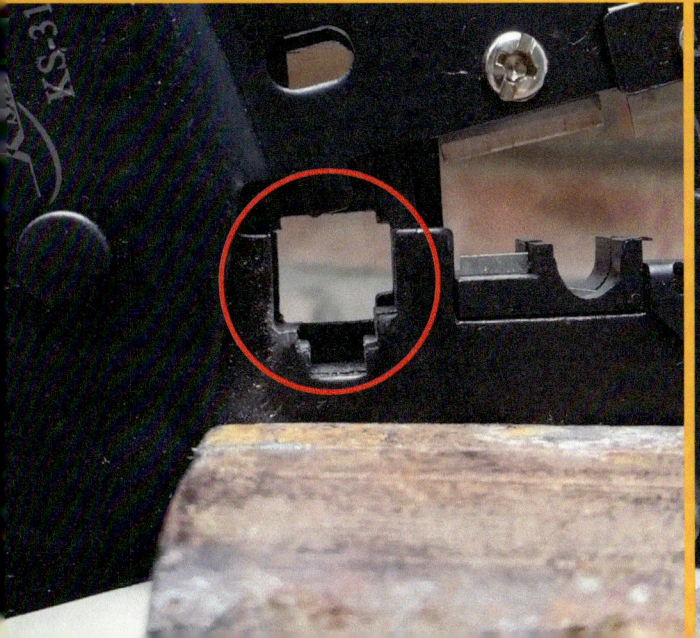

EV3 水晶头网线钳就做好了。接下来尝试用它制作一个单头连接线。

单头连接线很好制作，将软排线插入 EV3 水晶头，然后将 EV3 水晶头放入我们自制的网线钳中，使劲一压就可以了。

如果连接线的水晶头坏了，我们也可以自己修了。

自制万能连接线

拓展使用更多传感器的逻辑是，软排线的水晶头一端插入 EV3 的端口，另一端连接传感器。连接传感器的方式有两种，一是直接焊接，二是借助集成电路实验板（以下简称面包板）进行连接。对于后者，我们还需要使用印制电路万用板（以下简称洞洞板）和排针制作一个连接头。

首先，准备一块标准的洞洞板（孔间距为 2.54mm）。

注意，宽边上至少要有 6 个孔。

使用台虎钳固定洞洞板，再用锯锯出一小块。

建议锯成 7 孔 ×10 孔的，当然 6 孔 ×10 孔的也可以。

台虎钳中夹着的，就是锯好的洞洞板。

锯好的洞洞板的边缘有很多毛刺，这样很不安全。最简单的方法是在水泥地上反复划几下。当然，也可以用砂纸打磨它。

打磨好的洞洞板的边缘是光滑的。

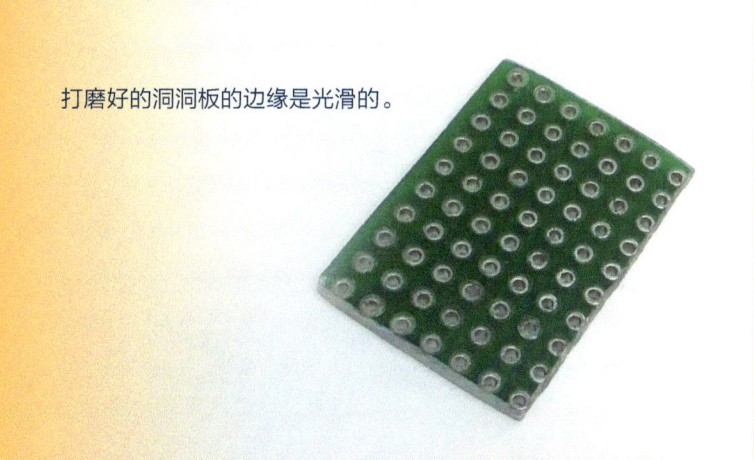

准备一组间距为 2.54mm 的排针。数出 6 个引脚，用剪刀剪下，得到 1 个有 6 个引脚的排针（以下简称 6Pin 排针）。

将 6Pin 排针插在洞洞板上，再用烙铁和焊锡进行焊接。如果不会焊接，可以参考本书第 4 章"焊接技术入门"中的内容。

再准备一根软排线。

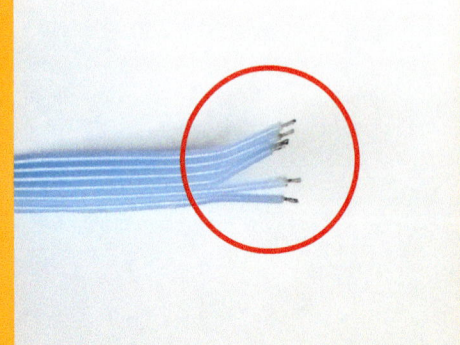

剥去软排线头部的绝缘层，露出一小段导线，并给这些导线上锡。在上锡的过程中，使用一点松香是个不错的做法。

将排线分得更开一些，从洞洞板中穿过，防止被扯断。

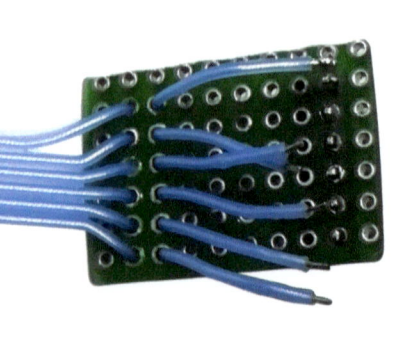

将上锡后的软排线与6Pin排针焊接在一起。

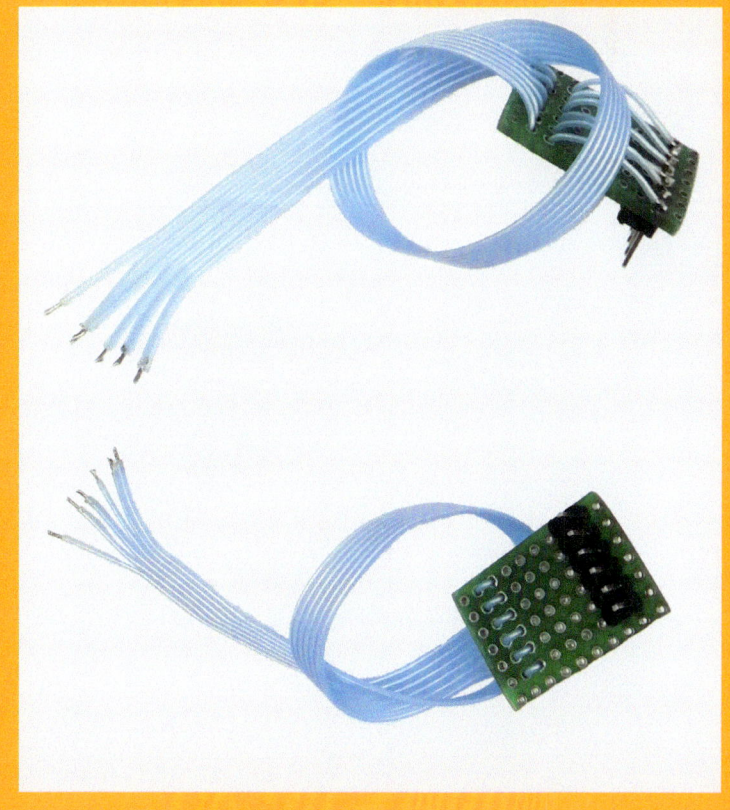

至此，6Pin连接头就做好了。

拿出制作好的压有 EV3 水晶头的软排线与带有 6Pin 连接头的软排线。

使用热缩管将压有 EV3 水晶头的软排线和带 6Pin 连接头的软排线连接在一起，万能连接线就制成了。此处使用的是直径为 1mm 的热缩管。

第 1 章 准备工作 | 017

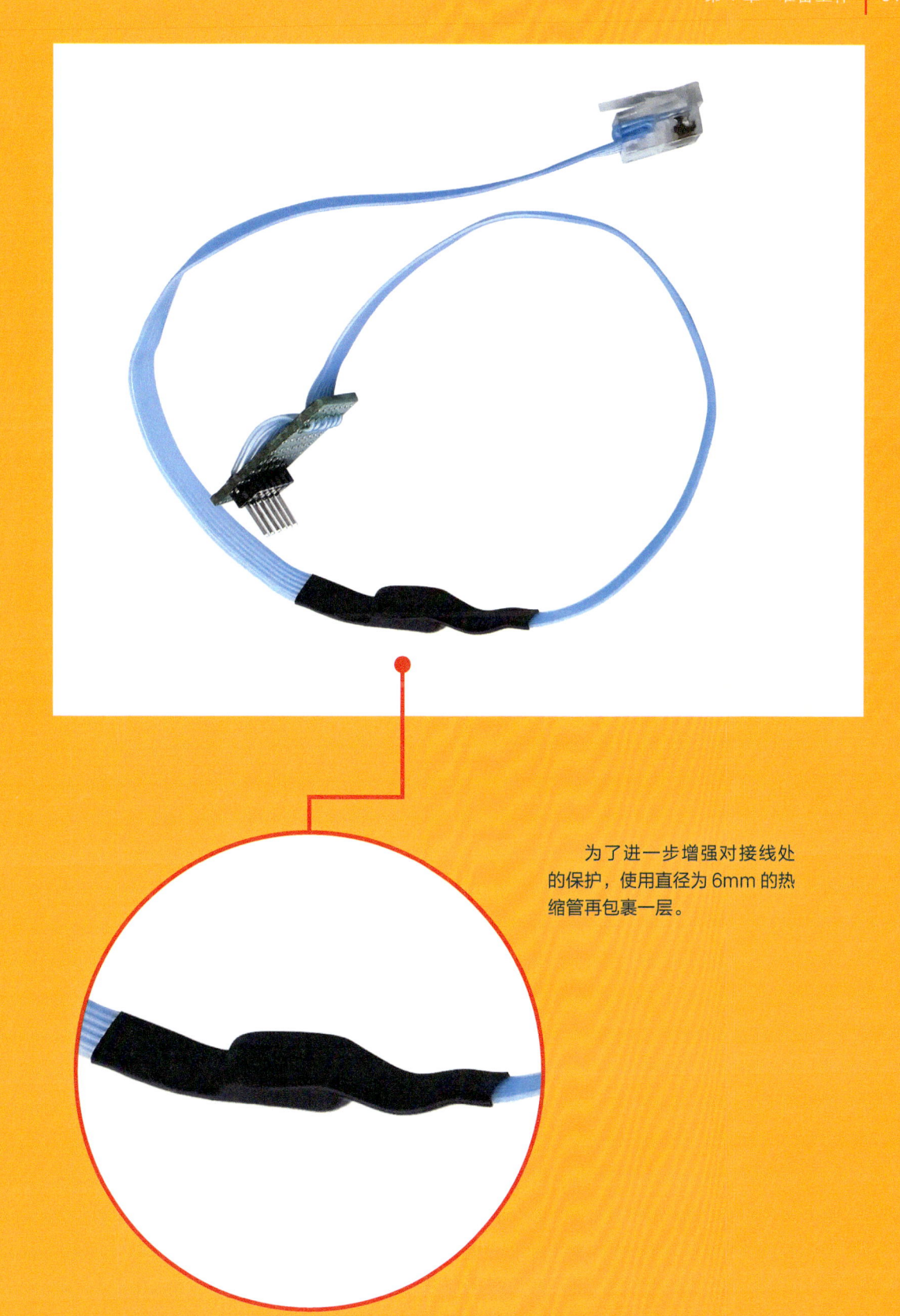

为了进一步增强对接线处的保护，使用直径为 6mm 的热缩管再包裹一层。

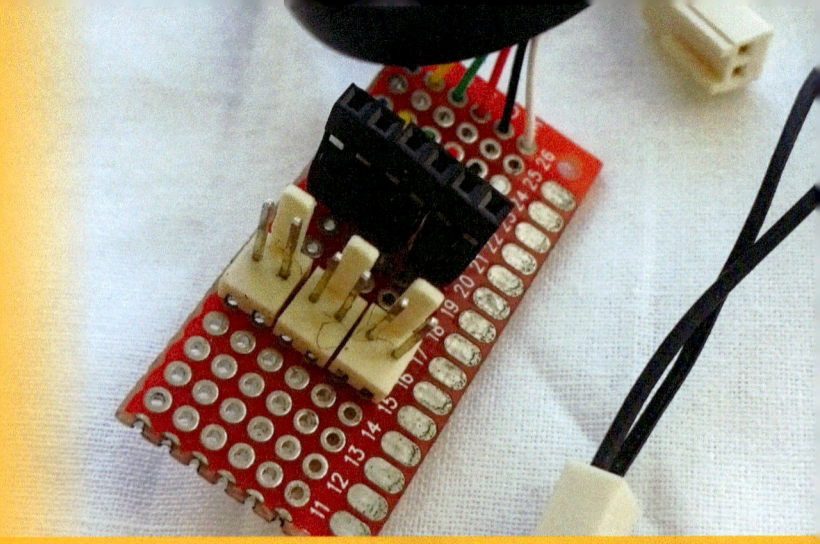

笔者还制作了另一根万能连接线，这根线上的 6Pin 连接头很简陋。笔者想表达的是，要勇于尝试使用手边的一切可用材料，在确保安全的情况下，使用正确的实验方法进行探究。这样的制作过程充满乐趣和无限可能。

简陋的 6Pin 连接头

第 2 章
传感器 DIY[①]

[①] do it yourself，自己动手制作。

在 DIY 之前，掌握如何将常见的硬件连接到 EV3 端口上是十分重要的。我们以 EV3 官方传感器为例，来了解它与 EV3 端口的连接原理（即接线原理），并在此基础上，拓展制作其他作品。

1. analog （模拟）
2. GND （接地）
3. GND （接地）
4. power （电源）
5. I²C clock （时钟）
6. I²C data （数据）

EV3 连接线的线序图

触动传感器

乐高公司开源了 EV3 传感器的硬件说明文档，这对我们来说是个好消息。因为从硬件说明文档中可以了解 EV3 不同传感器与 EV3 端口的接线原理。接下来，拆解 NXT[①] 触动传感器和 EV3 触动传感器，带大家了解它们的内部结构，并依据 EV3 触动传感器的接线原理，讲解如何利用手头的材料自制触动传感器，以及如何应用自制触动传感器制作作品。

先来拆解 NXT 触动传感器。从拆解图中可以看到它的内部结构很简单。元器件仅有一个开关和两个电阻。

NXT 触动传感器拆解图

再来拆解 EV3 触动传感器。从拆解图中我们可以看到，EV3 触动传感器内部结构也很简单，印制电路板（printed-circuit board，PCB）上的元器件也仅有一个开关和两个电阻。

---

① 乐高公司开发的第二代头脑风暴机器人——LEGO Mindstorms NXT。

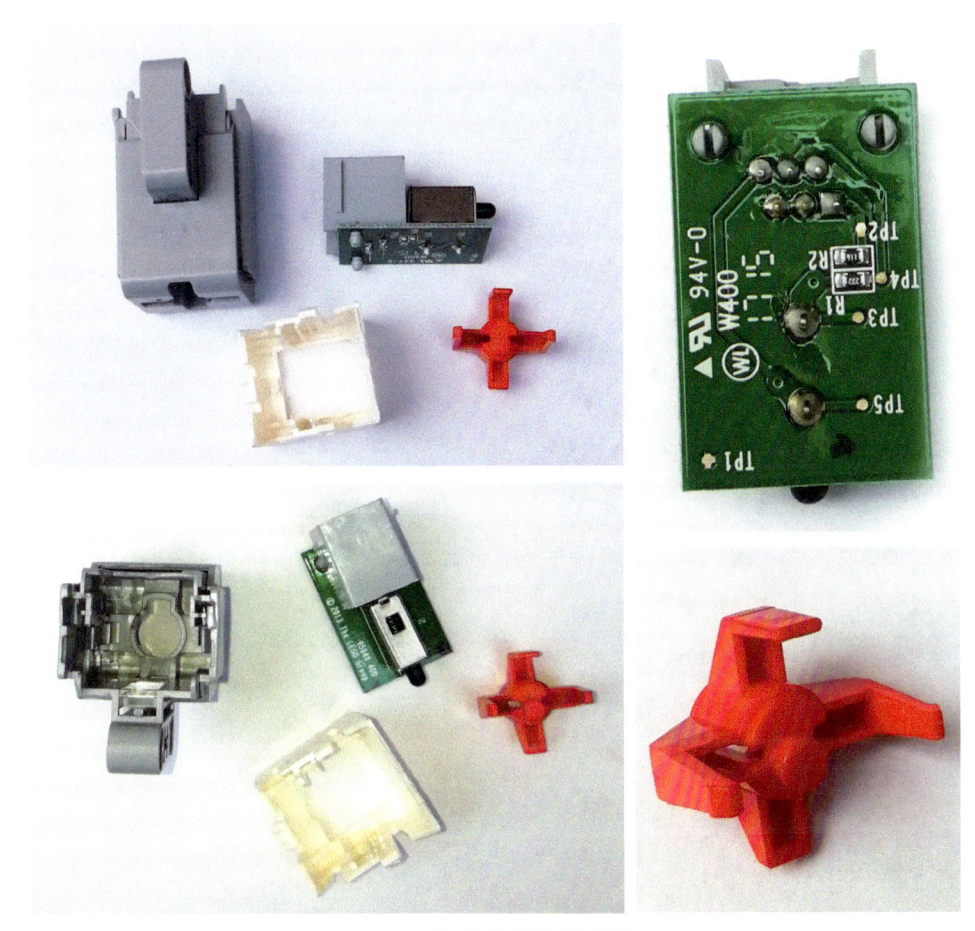

EV3 触动传感器拆解图

拆解了两代乐高头脑风暴机器人的触动传感器后，可以发现两代触动传感器都属于电阻式触动传感器。它们的工作原理是，通过判断阻值是否变化确定有无发生触动。

通过 EV3 触动传感器接线图可以了解 EV3 触动传感器的接线原理。接下来，我们基于其接线原理，使用面包板、开关、电阻、自制万能连接线等，DIY 触动传感器并制作电子感应迷宫、模拟钢琴、水果乐器。

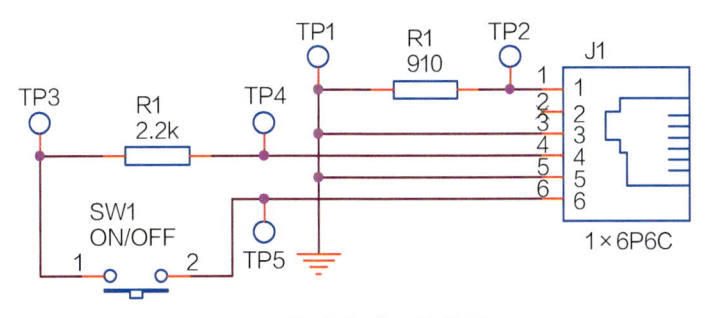

EV3 触动传感器接线图

● 拓展范例：电子感应迷宫

电子感应迷宫是测试人手稳定性、心理素质等的趣味项目。项目装置由通了电的金属迷宫和接触棒组成。其中，金属迷宫由弯曲的金属丝制成，而接触棒则设计为一端是非绝缘的金属环，另一端是绝缘的防滑把手。

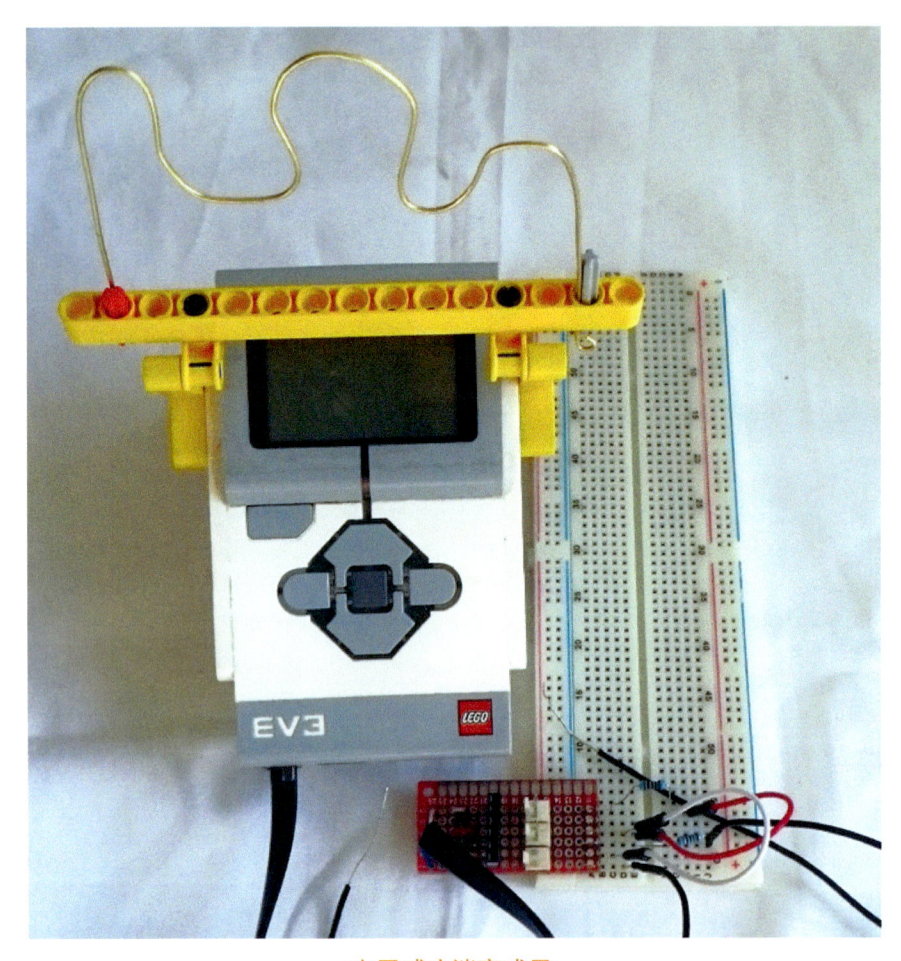

电子感应迷宫成品

参与者手握接触棒的把手，使金属环从迷宫的起点行至终点，若在整个过程中金属环接未触碰金属迷宫，则视为成功；否则，装置会以不同形式提示接触棒已接触金属迷宫。

制作电子感应迷宫需要准备 EV3、直径 0.8mm 的铜丝、电阻、面包板、乐高科技件、万能连接线、导线等材料。其中，铜丝可以直接从电商平台购买，也可以通过剥取废弃电线获得。

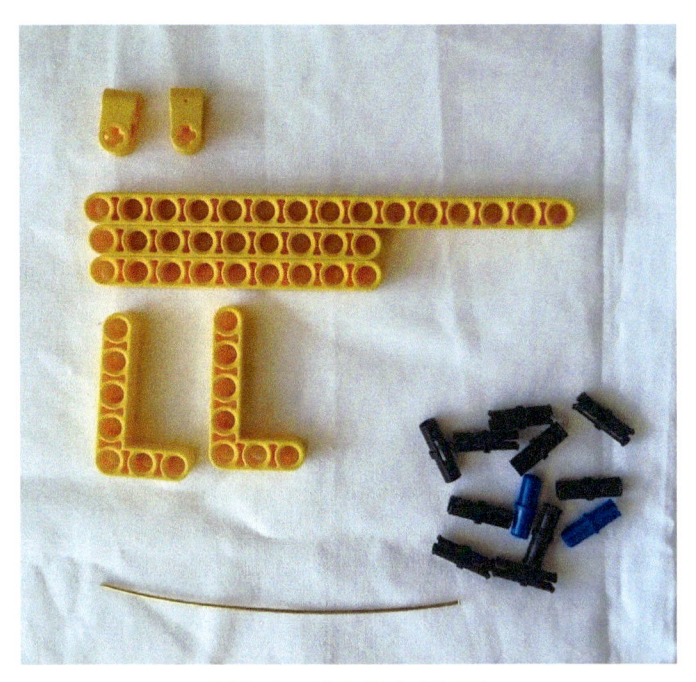

制作电子迷宫的部分材料

我们先制作金属迷宫。

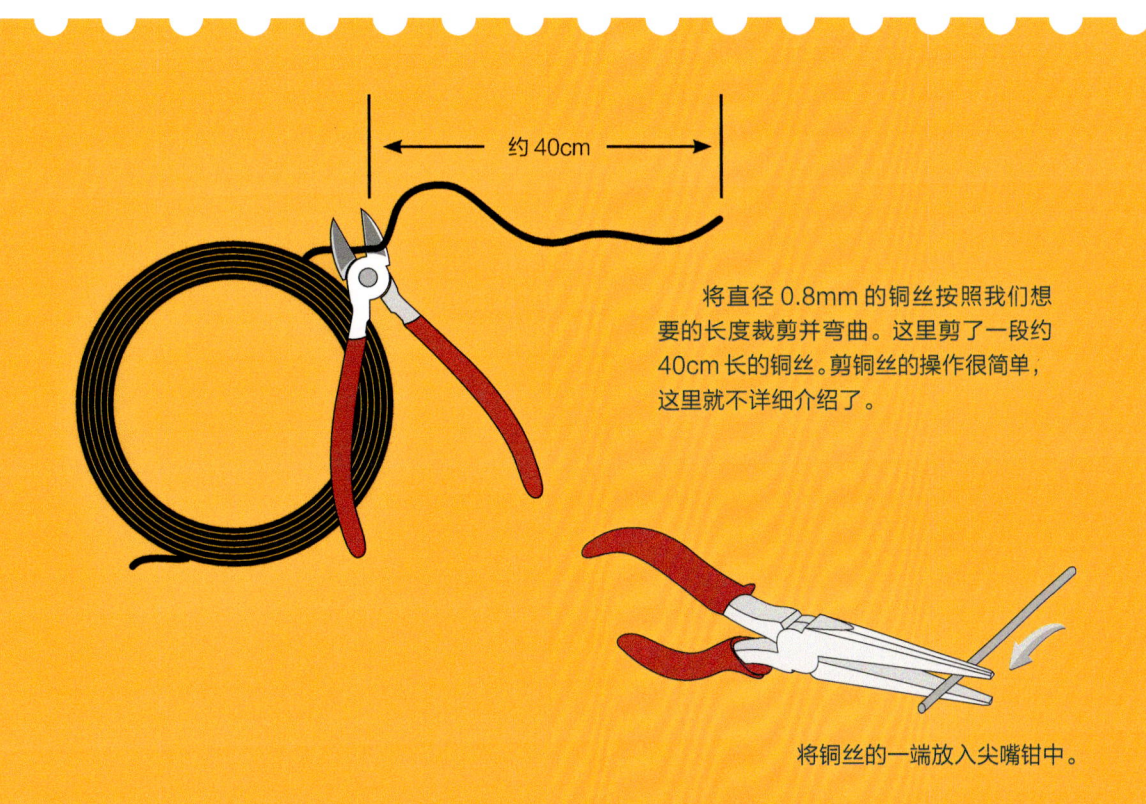

将直径 0.8mm 的铜丝按照我们想要的长度裁剪并弯曲。这里剪了一段约 40cm 长的铜丝。剪铜丝的操作很简单，这里就不详细介绍了。

将铜丝的一端放入尖嘴钳中。

捏紧尖嘴钳，用力将铜丝折弯。

将铜丝折成 90°。

乐高孔梁

直径 0.8mm 的铜丝

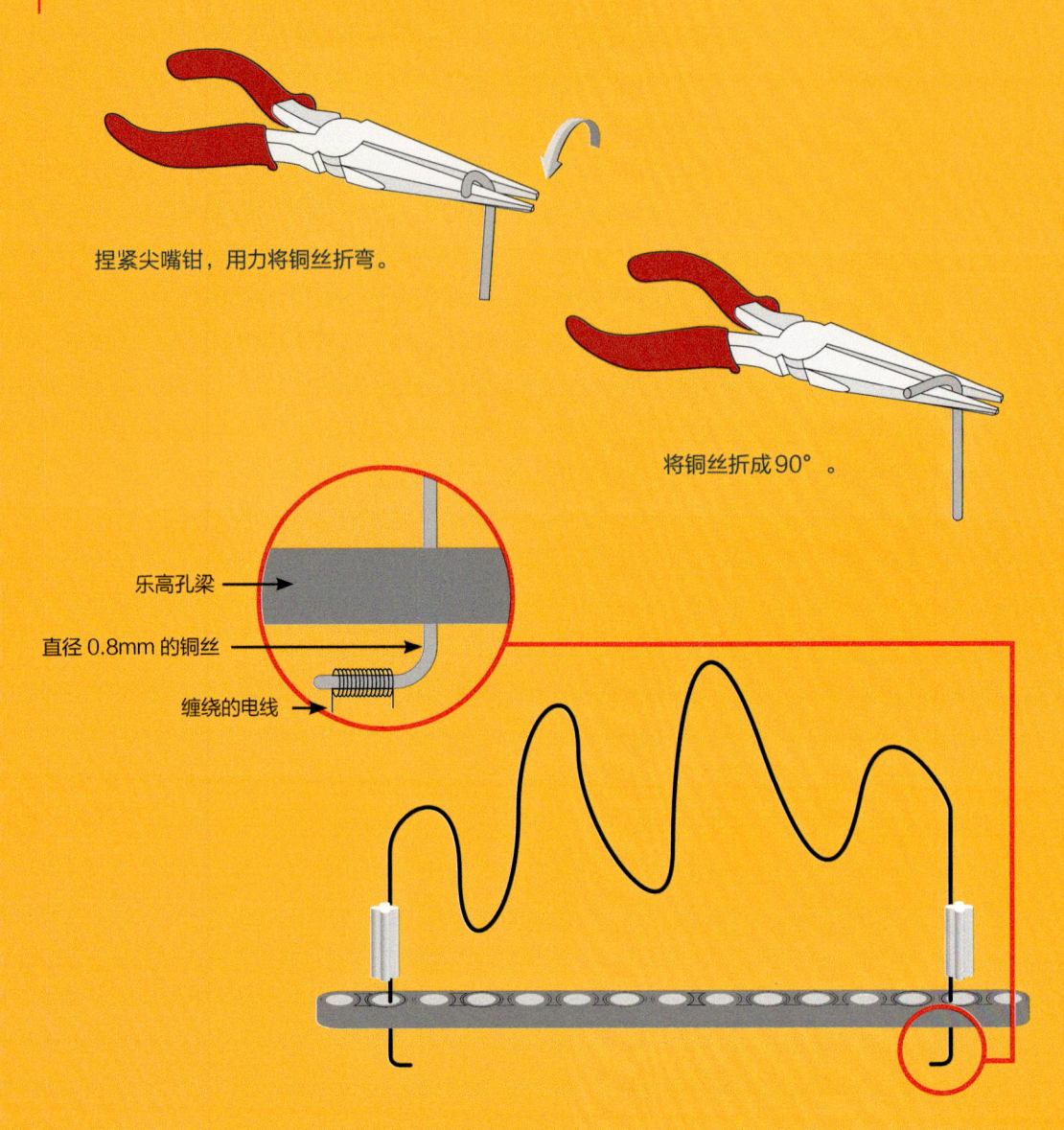

缠绕的电线

将铜丝的另一端也折成 90°，然后按照自己的想法将铜丝中间的部分折弯。折弯的铜丝就是金属迷宫的主体了，我们将它穿入乐高孔梁中，并用短轴或其他合适的物体（如纸巾、棉花等）进行固定。

  我们再来制作接触棒。接触棒上的金属环是开口设计的，这样方便将其放入电子感应迷宫中。

第 2 章 传感器 DIY | 025

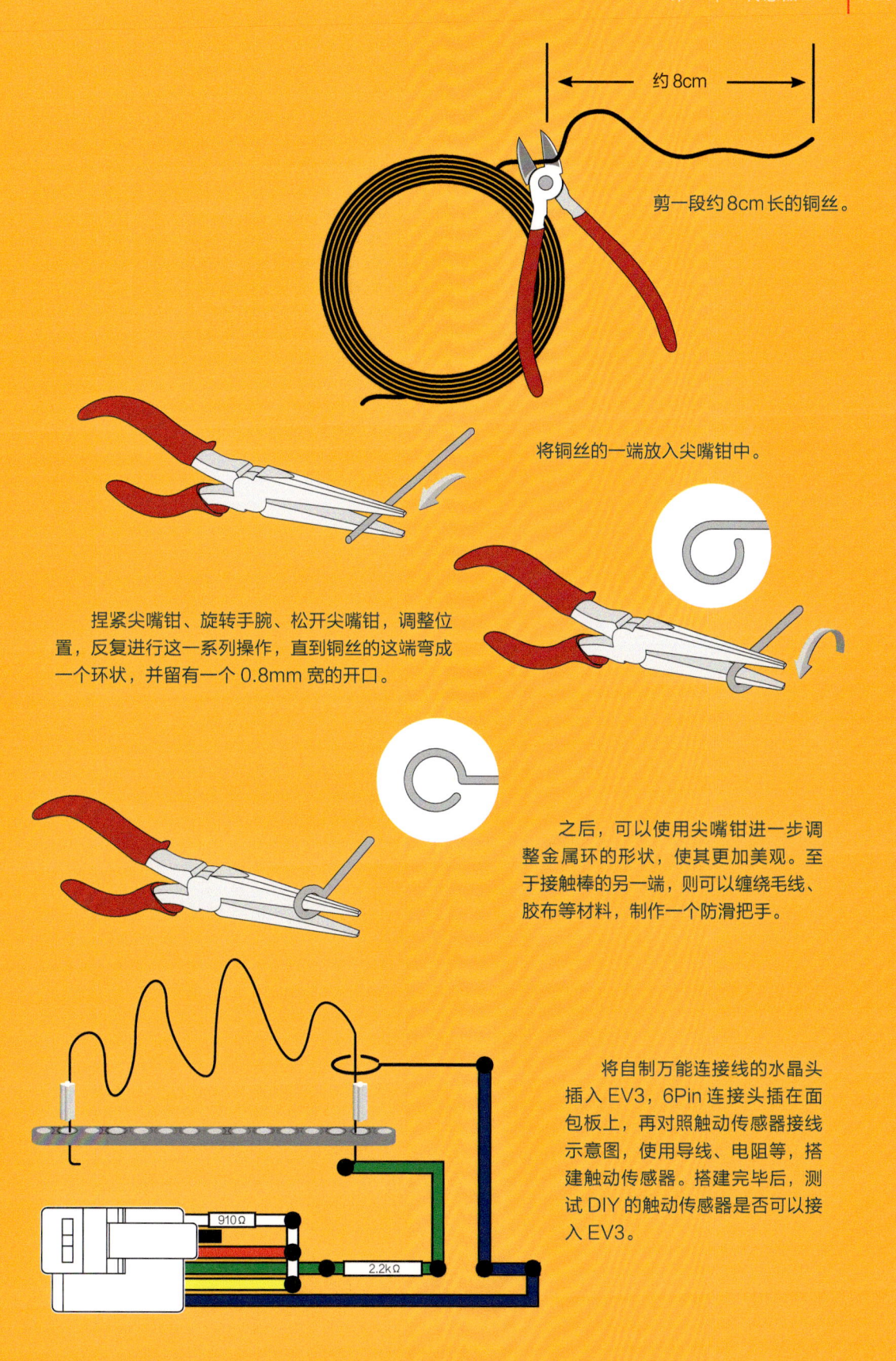

约 8cm

剪一段约 8cm 长的铜丝。

将铜丝的一端放入尖嘴钳中。

捏紧尖嘴钳、旋转手腕、松开尖嘴钳，调整位置，反复进行这一系列操作，直到铜丝的这端弯成一个环状，并留有一个 0.8mm 宽的开口。

之后，可以使用尖嘴钳进一步调整金属环的形状，使其更加美观。至于接触棒的另一端，则可以缠绕毛线、胶布等材料，制作一个防滑把手。

将自制万能连接线的水晶头插入 EV3，6Pin 连接头插在面包板上，再对照触动传感器接线示意图，使用导线、电阻等，搭建触动传感器。搭建完毕后，测试 DIY 的触动传感器是否可以接入 EV3。

测试方法是拖曳乐高 Mindstorms 软件[①]中的触动传感器图标后，通过显示的数字来判断触动传感器是否成功接入 EV3。若数字为 0，则表示没有接入；若数字为 1，则表示已成功接入。

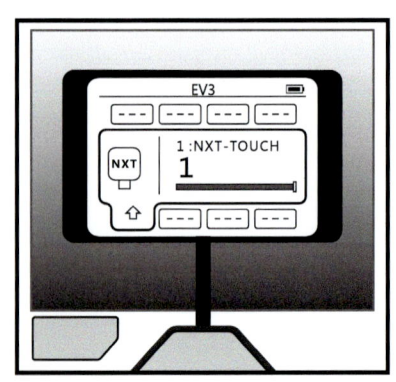

触动传感器图标

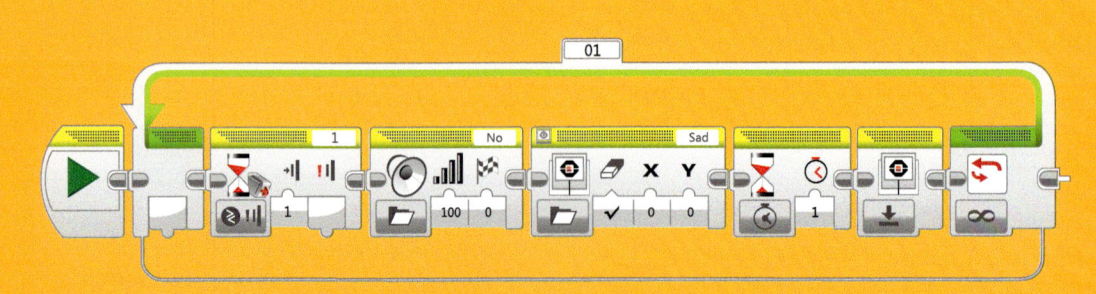

在 Mindstorms 软件中编写程序，使用声音模块、显示模块等，为触碰到金属迷宫设置相应的音效和动画效果。

当接触棒接触金属迷宫时，播放 EV3 自带的 "No" 音效，显示自带的 "Sad" 表情，等待 1 秒，重置 EV3 的屏幕显示。

发挥想象力，为电子感应迷宫增加游戏开始音效、记录触碰次数、通关用时等功能。

本书主要讲解硬件连接方面的知识，拓展范例中涉及的程序仅实现了范例的基础功能。对 EV3 编程有兴趣的读者可以在网页上搜索 "LEGO®MINDSTORMS® EV3 帮助" 进行进一步的学习。

[①] 乐高Mindstorms机器人发明家，EV3编程软件，简称Mindstorms软件。

● 拓展范例：模拟钢琴

制作电子感应迷宫装置时使用的是带有一个开关的触动传感器，接下来我们使用带有多个开关的触动传感器制作模拟钢琴。

制作前，先来了解一下种类繁多的开关。

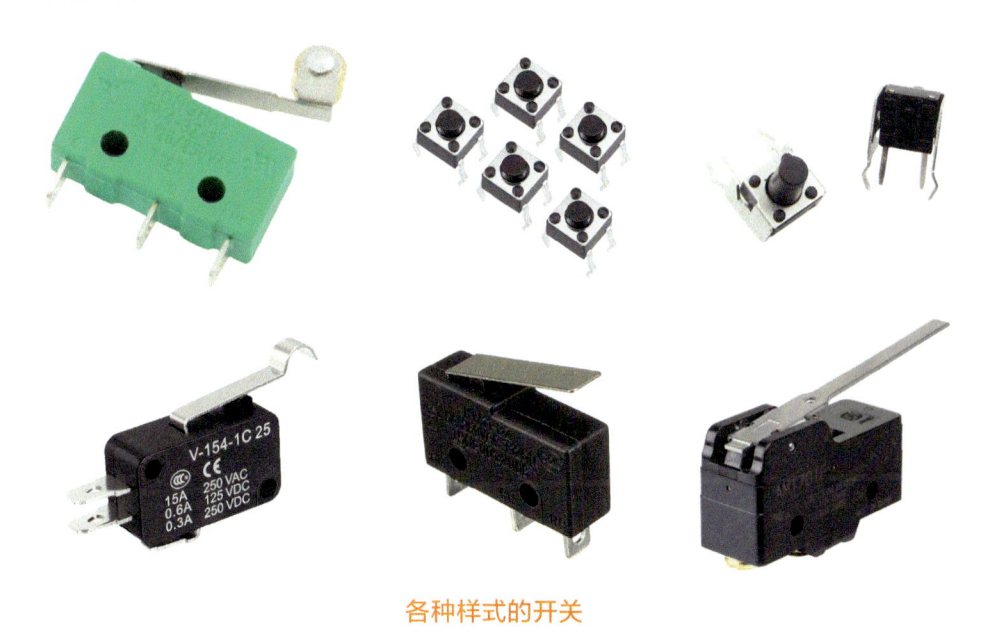

各种样式的开关

开关可以按刀数（极数）和掷数（位置数）进行分类，常见的有单刀单掷开关和双刀双掷开关。以下它们的示意图及在电路图中的符号。

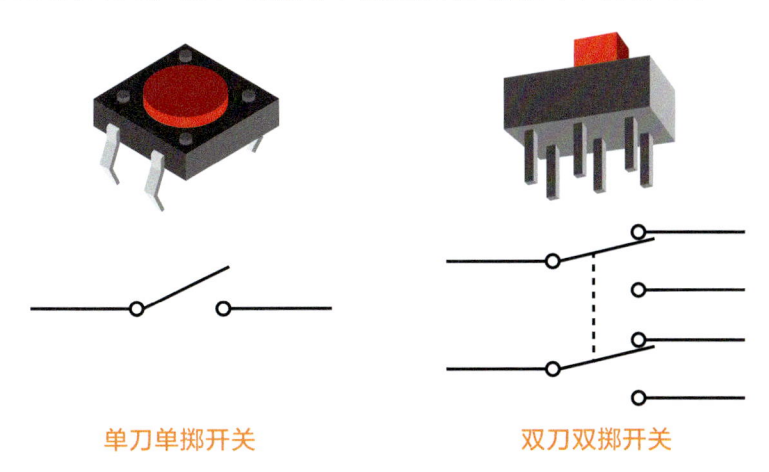

单刀单掷开关　　　　　　双刀双掷开关

开关除了可以按刀数和掷数分类，还可以按无外力作用时开关的开合状态分类，具体可以分为常开（normally-open，NO）开关和常闭（normally-close，NC）开关。

常开开关　　　　　　　　　　　常闭开关

（左图）无外力作用时，开关是断开的

（右图）无外力作用时，开关是闭合的

制作模拟钢琴要使用到微动开关。微动开关有 COM 端子（共用端子）、NO 端子（常开端子）、NC 端子（常闭端子）。如果不确定端子组成的是什么开关，可以使用万用表的欧姆挡进行测量。如果阻值为 0，则表明端子组成的是常闭开关；如果阻值为 1，则表明端子组成的是常开开关。

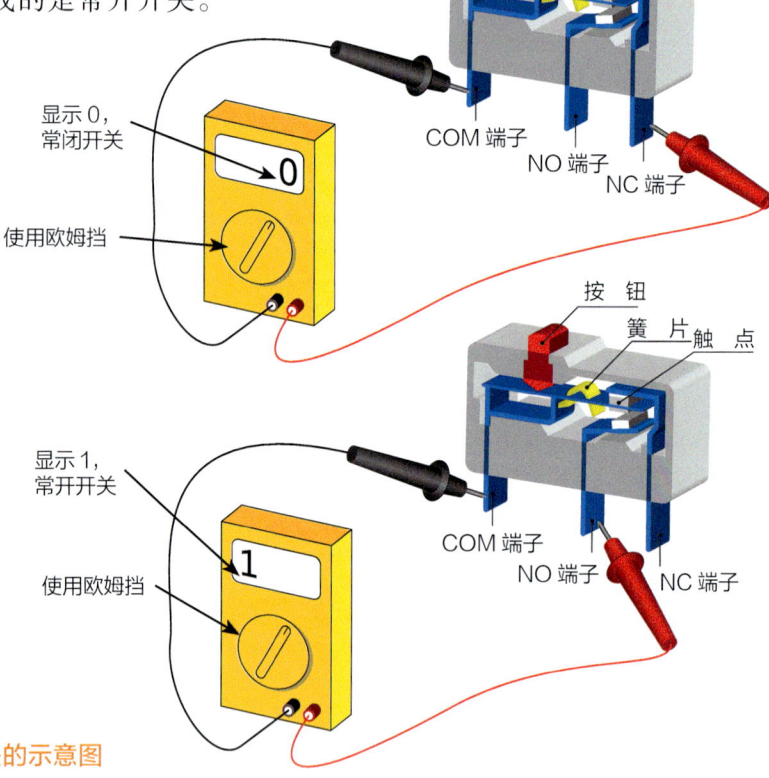

万用表测量端子组成开关的示意图

钢琴大家都见过，它有许多按键。我们现在要将之前介绍过的单开关触动传感器进行拓展，将其改进为多开关触动传感器。右图是多开关触动传感器的接线示意图。

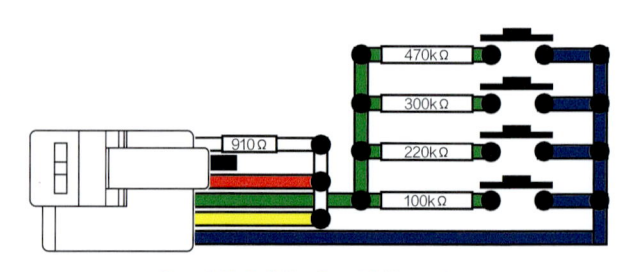

多开关触动传感器接线示意图

连接线的 4 号线和 6 号线之间需要并联不同阻值的电阻，这样编程时就能根据这些阻值实现不同的声音效果。如果不清楚阻值，可以使用万用表测量，也可以使用 Mindstorms 软件中的原始传感器值模块测量。

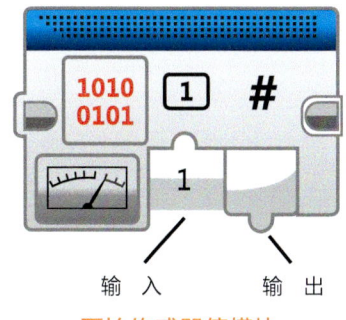

原始传感器值模块包含输入和输出两部分，输入部分对应传感器连接的 EV3 的端口号（可以手动输入，也可通过 Mindstorms 软件中的连接线从其他模块的输出部分得到值）；输出部分提供传感器的原始值，如要使用这个值，需要使用 Mindstorms 软件中的连接线连接其他模块。

原始传感器值模块

原始传感器输入及输出说明

输 入	类 型	值	备 注
端口号	数字	1 ~ 4	EV3 输入端口号，不能使用 EV3 的输出端口号

输 出	类 型	值	备 注
原始值	数字	0 ~ 4095	原始传感器的值

当 Mindstorms 软件没有对应的传感器模块时，可以使用原始传感器值模块获取传感器的原始值，或使用其他模块将获取的原始值转化为所需的数值。

接下来，我们对照多开关触动传感器接线示意图搭建电路，制作模拟钢琴。

先使用自制的 EV3 水晶头网线钳、EV3 水晶头及软排线制作连接线的一端。当然，也可以使用第一章制作的万能连接线。这里主要展示另一种连接方法，方便大家在没有洞洞板时也可以搭建电路。其实，只要理解了电路的连接原理，大家就可以根据自己手头的材料，灵活搭建电路。

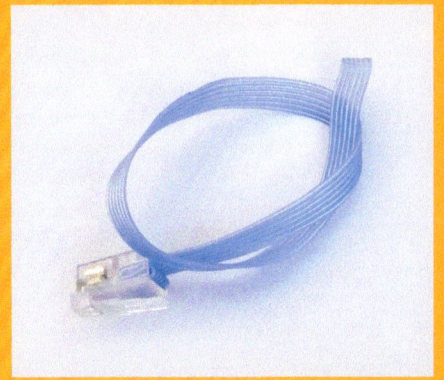

将连接线的另一端剪开。

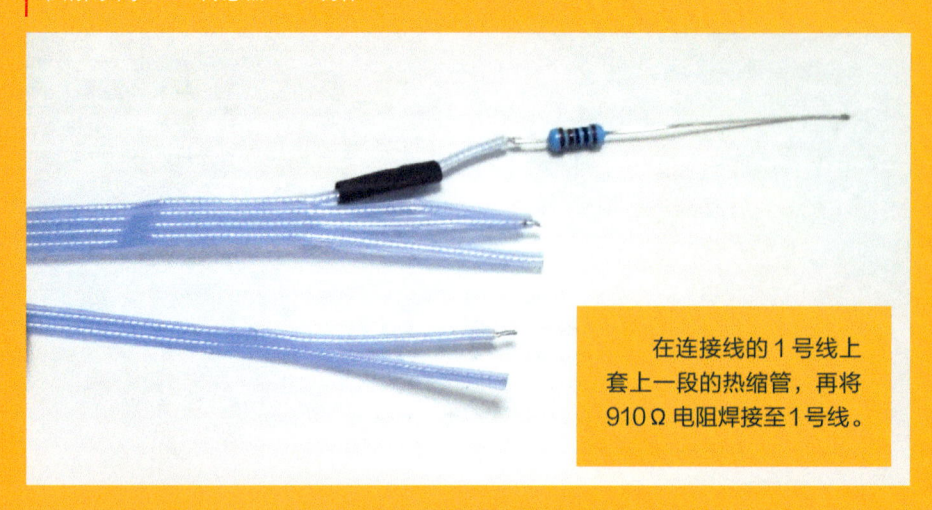

在连接线的1号线上套上一段的热缩管,再将910Ω电阻焊接至1号线。

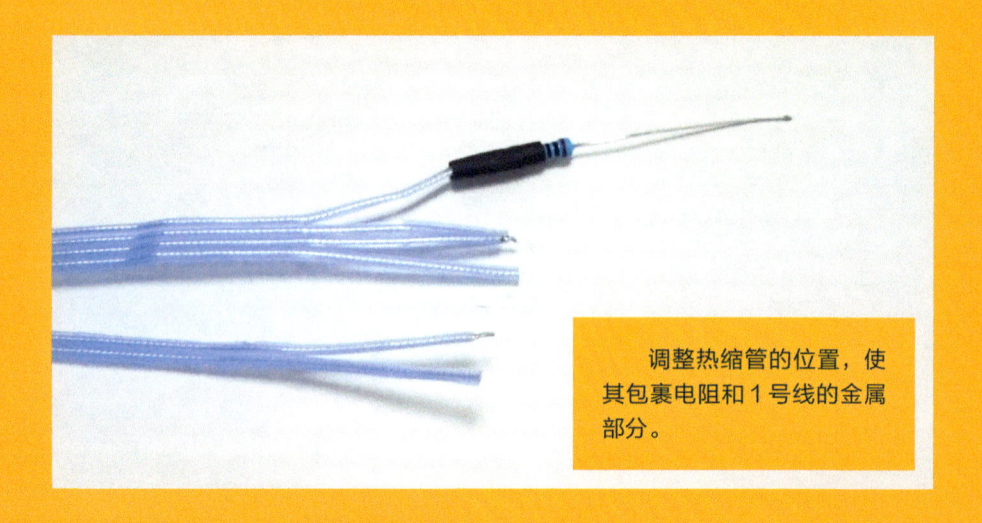

调整热缩管的位置,使其包裹电阻和1号线的金属部分。

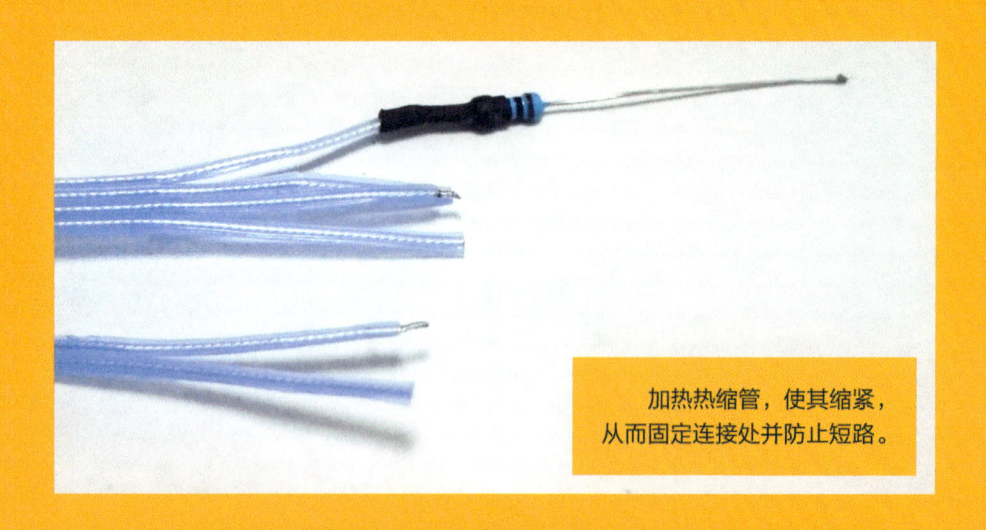

加热热缩管,使其缩紧,从而固定连接处并防止短路。

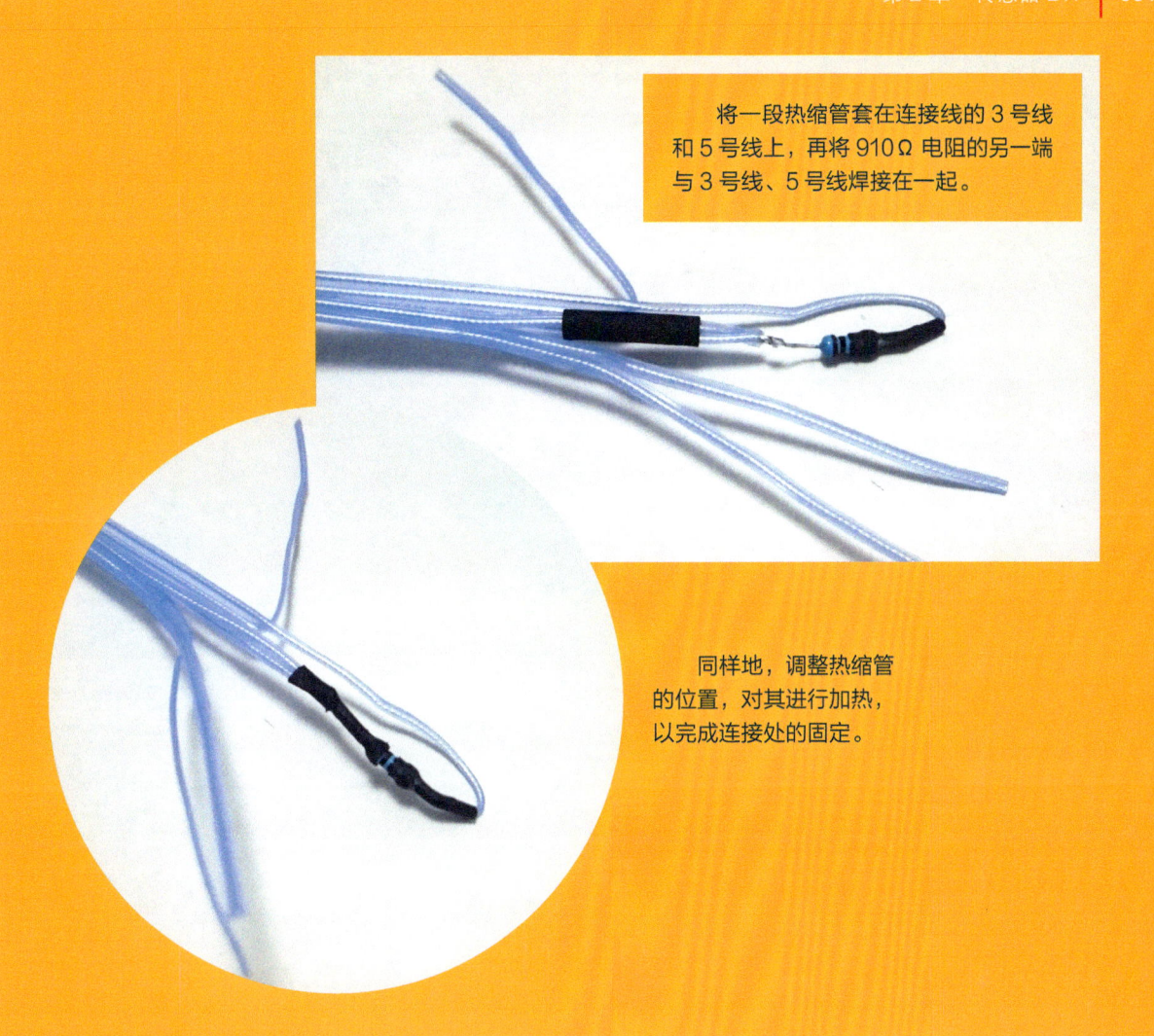

将一段热缩管套在连接线的 3 号线和 5 号线上,再将 910Ω 电阻的另一端与 3 号线、5 号线焊接在一起。

同样地,调整热缩管的位置,对其进行加热,以完成连接处的固定。

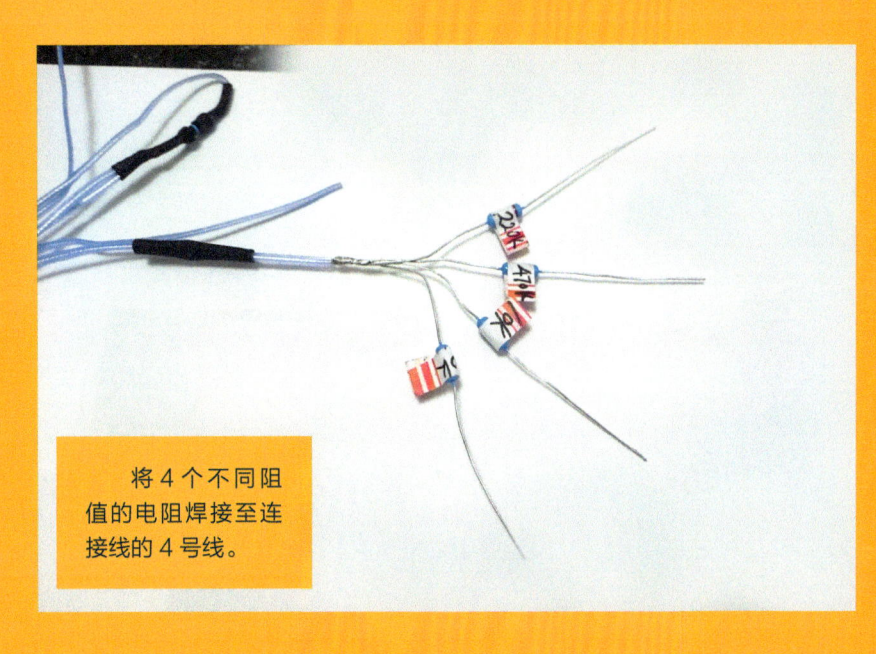

将 4 个不同阻值的电阻焊接至连接线的 4 号线。

对照多开关触动传感器接线示意图，使用 EV3、连接线、4 个微动开关、导线、面包板等搭建电路，实现连接了 4 个触动传感器的效果。

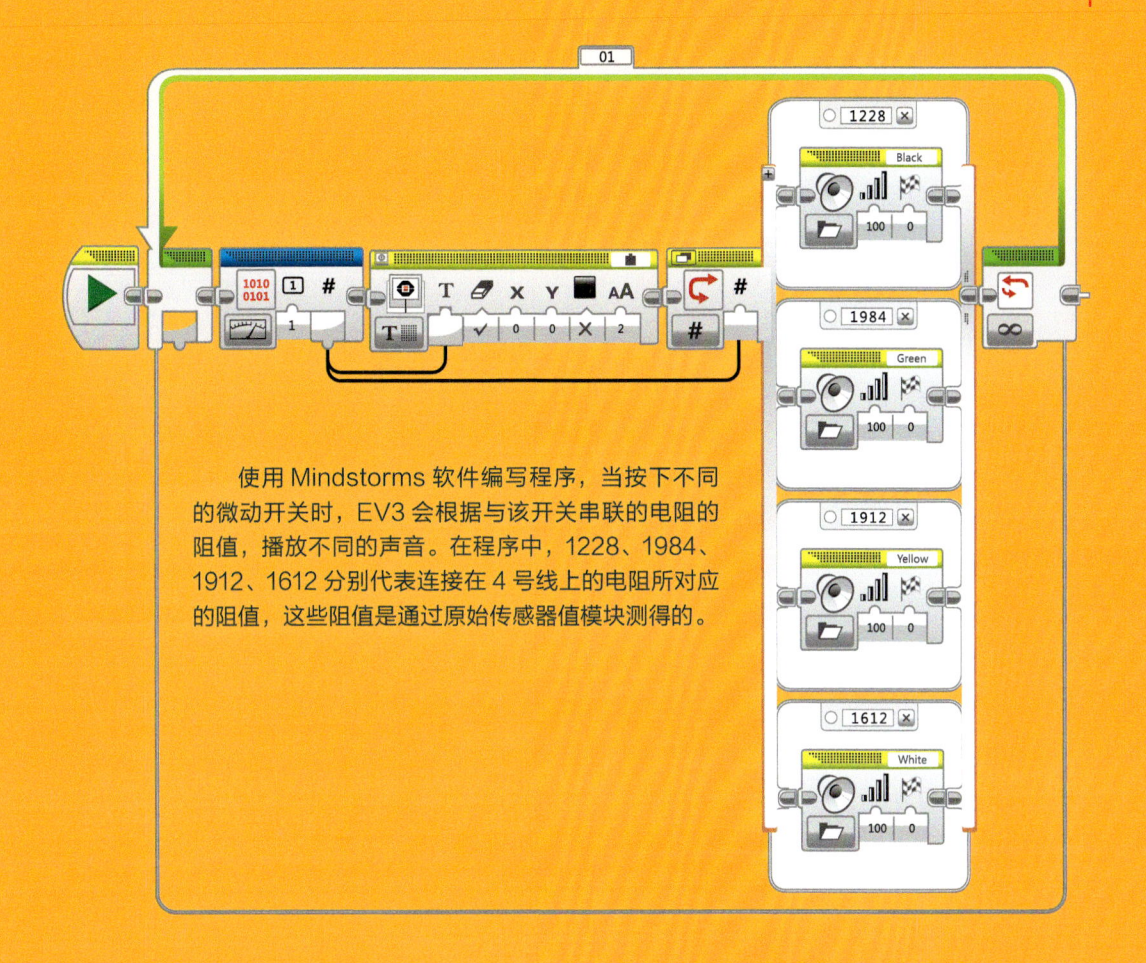

使用 Mindstorms 软件编写程序，当按下不同的微动开关时，EV3 会根据与该开关串联的电阻的阻值，播放不同的声音。在程序中，1228、1984、1912、1612 分别代表连接在 4 号线上的电阻所对应的阻值，这些阻值是通过原始传感器值模块测得的。

● 拓展范例：水果乐器

我们使用触动传感器制作一个有趣的水果乐器。其工作原理是：水果和人体都是导体，当手触碰水果时相当于开关闭合，且触碰水果的不同位置会导致电阻值变化。

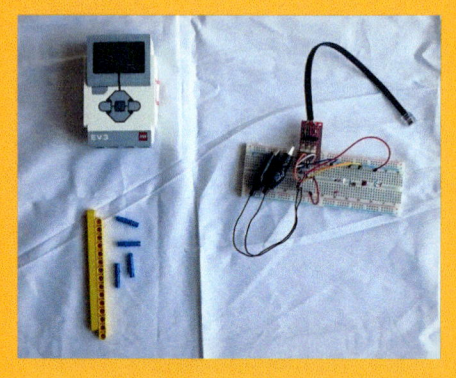

准备制作水果乐器所用的材料。

可以使用任意水果

用万能连接线将 EV3 和面包板连接起来，然后在面包板上搭建电路。其中，连接线的 4 号线和 6 号线上分别连接了一个鳄鱼夹，将这两个鳄鱼夹分别夹在水果的不同位置。当我们移动其中一个鳄鱼夹，将其夹在水果的其他位置时，会发现电路中的阻值随之发生变化。

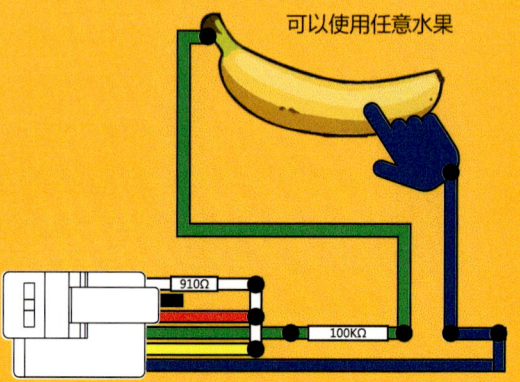

在 Mindstorms 软件中编写程序，使用原始传感器模块读取电路中的阻值，然后将阻值作为声音模块中的音调参数，实现当阻值变化时，EV3 发出不同音调的声音。

在实际使用时，将其中一个鳄鱼夹夹在水果上，手拿另一个鳄鱼夹。当手触摸水果的不同位置时，EV3 会根据阻值的不同发出不同的声音，从而实现一个有趣的水果乐器。

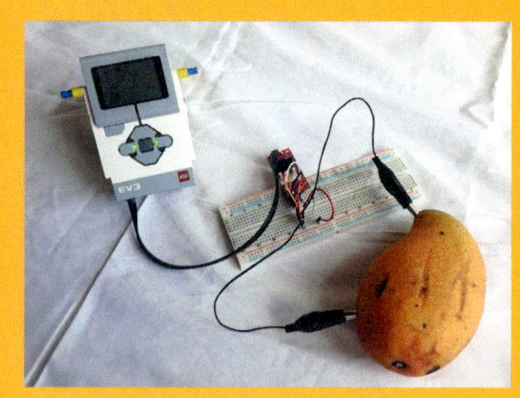

这个水果乐器是让一个水果发出不同的声音，大家可以发挥创意，制作一个包含多种水果的乐器，演奏出更加丰富的声音。

我们身边还有哪些物品可以利用触动传感器来制作呢？键盘、遥控器或者是密码锁？大家动手试一试吧。

干簧管传感器

我们通过了解 EV3 触动传感器的结构，成功自制了触动传感器。接下来，基于触动传感器的设计原理，我们使用干簧管制作干簧管传感器。

干簧管也称舌簧管或磁簧开关，是一种磁敏的特殊开关。干簧管的开关原理和上一节提及的开关相似，不同之处在于上一节所提的开关是靠机械碰撞形成闭合的，而干簧管则是通过外加磁场来控制金属簧片的接触。当外界磁场作用于干簧管时，簧片间的触点会闭合或断开，从而改变电路的通断状态。

此处以简单的单触点干簧管和双触点干簧管为例，给出相应的工作示意图。

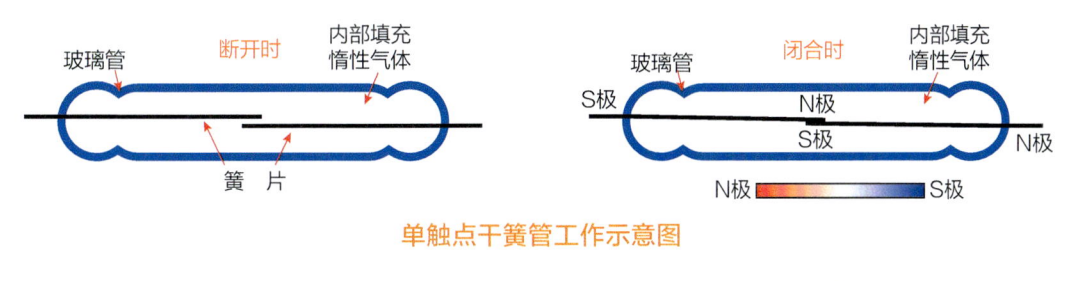

单触点干簧管工作示意图

双触点干簧管工作示意图

生活中，干簧管被广泛应用于多个场景，包括旋转状态检测、液位监测、液体流量计算等。除此之外，你还能想到它有哪些其他的应用场景吗？

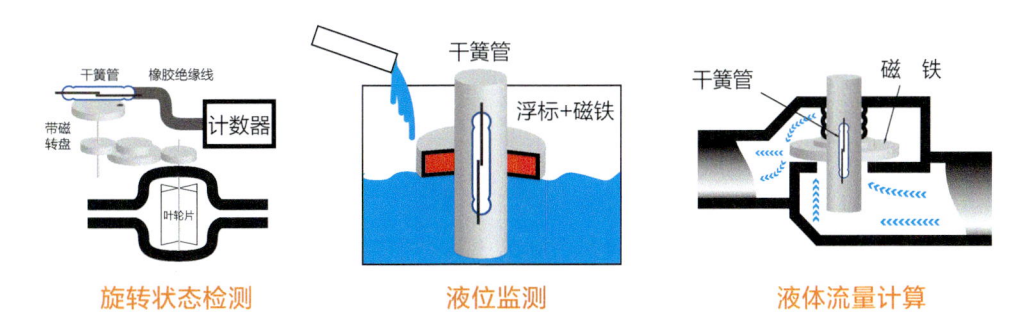

旋转状态检测　　　　液位监测　　　　液体流量计算

我们通过自行车里程表和液位警报器这两个具体范例，来详细讲解如何制作干簧管传感器，并演示如何利用自制的干簧管传感器实现里程计算和液位警报的功能。

● 拓展范例：自行车里程表

如何计算自行车里程？总不能真的拿尺子去逐段测量，那显然不现实。

我们可以通过自行车车轮的直径计算车轮的周长，然后通过车轮转动的圈数和车轮周长进一步计算出里程。

人们常说的自行车型号有24、26、28，这些型号对应的是车轮的直径。以26型号的自行车举例，车轮直径为26in（1in = 2.54cm），以及周长计算公式 $L = \pi d$，可以计算出26型号车轮的周长为 $3.14 \times 26 \times 2.54 \approx 2.07$m。

为了实现自行车里程计算的功能，我们使用干簧管制作干簧管传感器。制作的原理是按照触动传感器的设计原理，使用电阻、导线、干簧管等搭建电路，其中，干簧管是作为开关接入电路的，同时需要外置用于控制干簧管闭合和断开的磁铁。将干簧管传感器中的干簧管和磁铁分别置于车架和自行车辐条上，通过计算干簧管闭合的次数（车轮转动的圈数），从而计算里程。

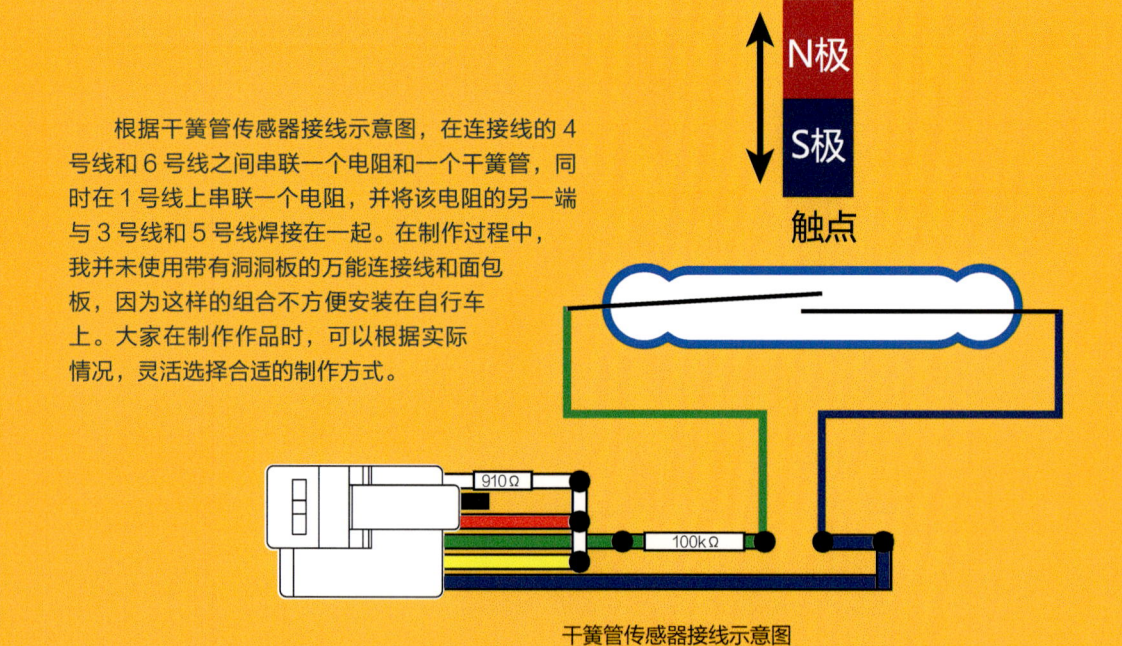

根据干簧管传感器接线示意图，在连接线的4号线和6号线之间串联一个电阻和一个干簧管，同时在1号线上串联一个电阻，并将该电阻的另一端与3号线和5号线焊接在一起。在制作过程中，我并未使用带有洞洞板的万能连接线和面包板，因为这样的组合不方便安装在自行车上。大家在制作作品时，可以根据实际情况，灵活选择合适的制作方式。

干簧管传感器接线示意图

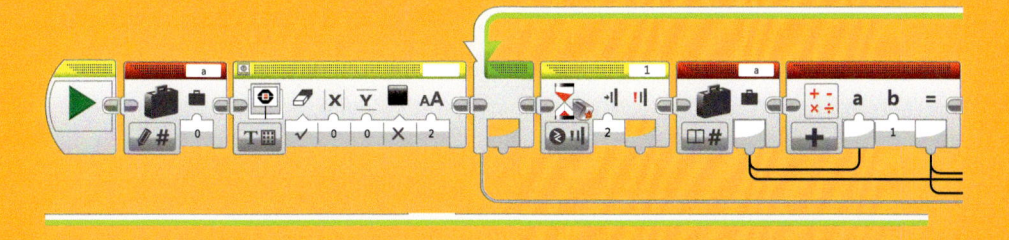

在 Mindstorms 软件中编写程序，利用显示模块、变量模块、触碰模块等来实现 26 型号自行车里程的计算与显示功能。当干簧管闭合时，程序会计算车轮转动一圈的周长，并将该周长累加到变量中，实现里程的累加计算，同时，里程会实时显示在 EV3 的显示屏上。

将 EV3 固定在车前架子、车把或车筐上。

将磁铁固定在自行车前车轮的辐条上，并确保其位置可以使干簧管在磁铁靠近时能够闭合。

连接线的一端是水晶头，另一端是搭建好的干簧管传感器。将前者插入 EV3，将后者的干簧管稳固地安装在自行车的前叉靠近自行车辐条的位置上。

● 拓展范例：液位警报器

在现实生活中，要实时确定水箱里有多少水，仅依靠人工检查是非常麻烦的。我们可以基于干簧管传感器的工作原理制作一个液位警报器。

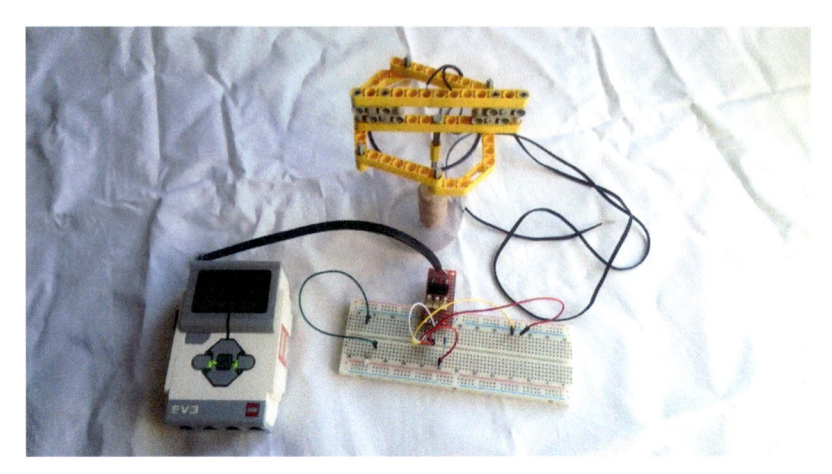

液位警报器成品

液位警报器的工作原理是将磁铁放置在密度低的物体上，当水箱中的水位上升时，水的浮力会带动密度轻的物体上升，磁铁随之上升，使干簧管闭合，从而触发警报或进行相应的信号传输。为了构建这个机构，我们先使用乐高积木搭建一个能够支撑并固定所有部件的框架，然后再将干簧管、磁铁等元件安装到框架上，以实现水位检测的功能。

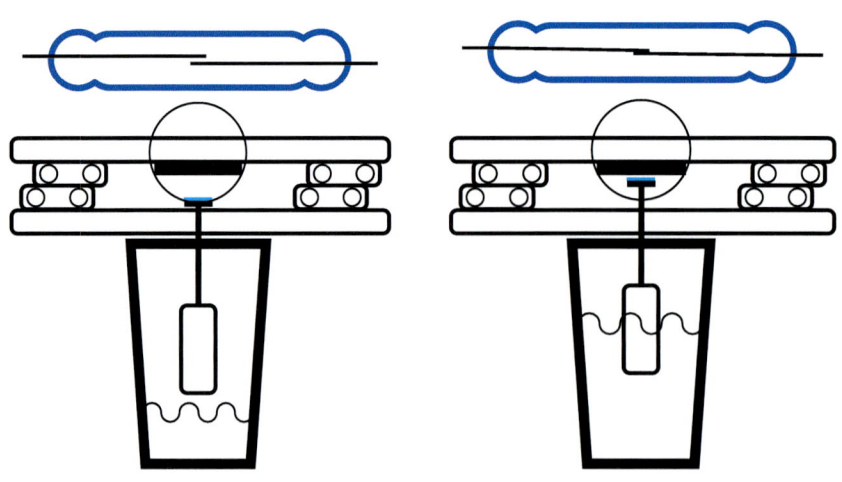

水位没有升高时，磁铁与干簧管有一定距离，簧片不吸合，电路断开。

水位上升时，磁铁接近干簧管，簧片吸合，电路导通触发警报。

液位警报器工作原理

第 2 章 传感器 DIY

准备乐高科技件，按照步骤图搭建框架。

040 | 图解乐高 EV3 传感器 DIY 制作

用胶带将干簧管
固定在乐高科技件上

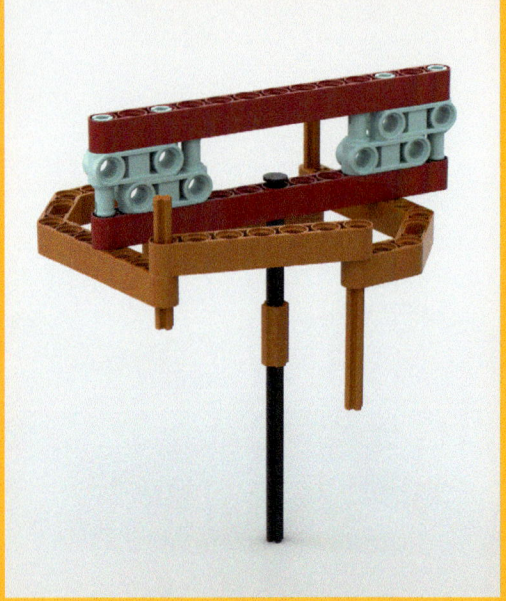

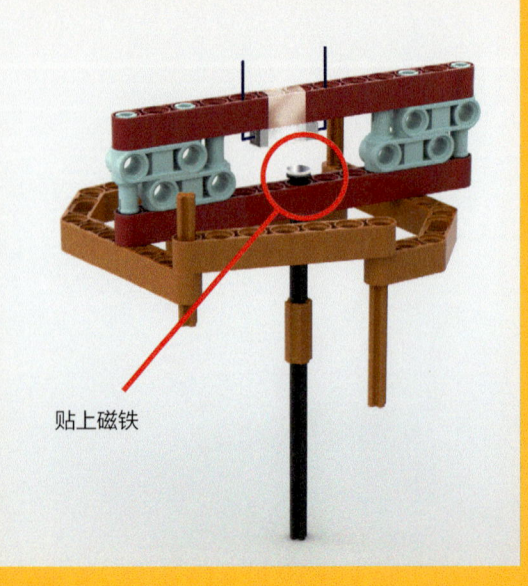

贴上磁铁

第 2 章　传感器 DIY | 041

将干簧管焊接到电路中，焊接时需要注意的是，一定要提前套入一段热缩管，待焊接完，用热缩管固定焊接处。

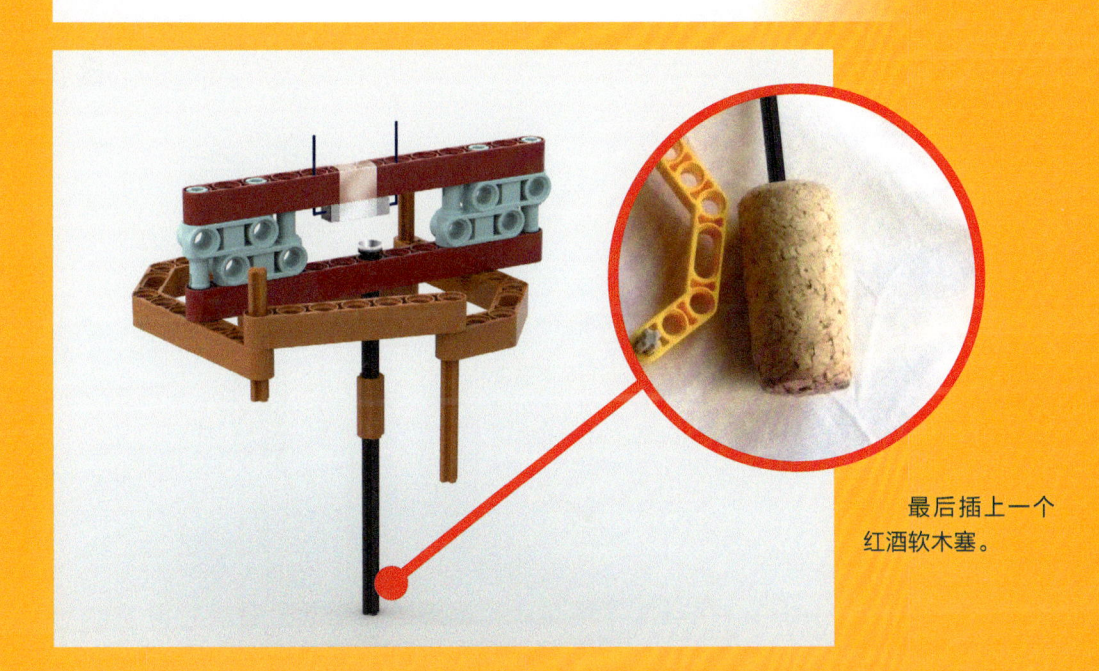

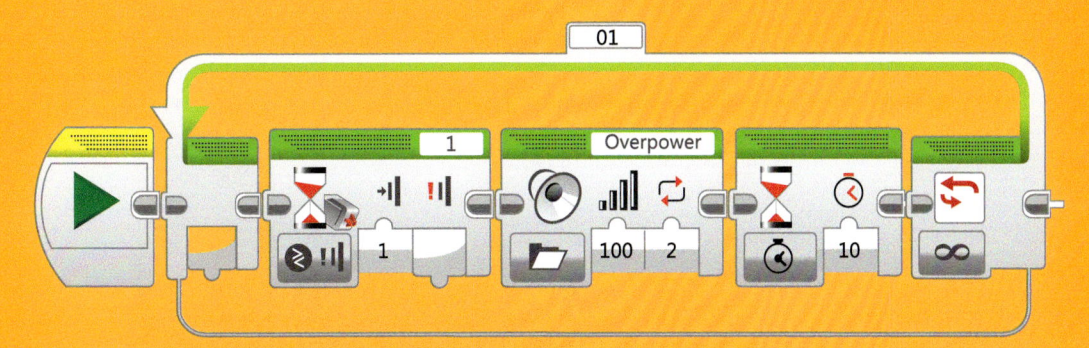

最后插上一个红酒软木塞。

在 Mindstorms 软件中编写程序，利用声音模块、触碰模块和等待模块等为液位警报器设置音效。当液位上升到一定程度时，磁铁会吸合干簧管的簧片，触发 EV3 发出 "Overpower" 音效。由于这个音效持续时间稍长，在程序中加入等待模块，设置 10 秒的延时，以确保音效能够完整播放。

电位器传感器

上一节中，我们将自制触动传感器电路中的开关替换成了干簧管和磁铁，从而制作了干簧管传感器。本节，我们将替换自制触动传感器电路中的电阻，以制作电位器传感器。

电位器通常由电阻体和可移动电刷等组成。当电刷沿电阻体移动时，在输出端即可获得与位移量成一定关系的阻值或电压。电位器既可作三端元件使用，也可作二端元件使用，后者可视作可变电阻器。

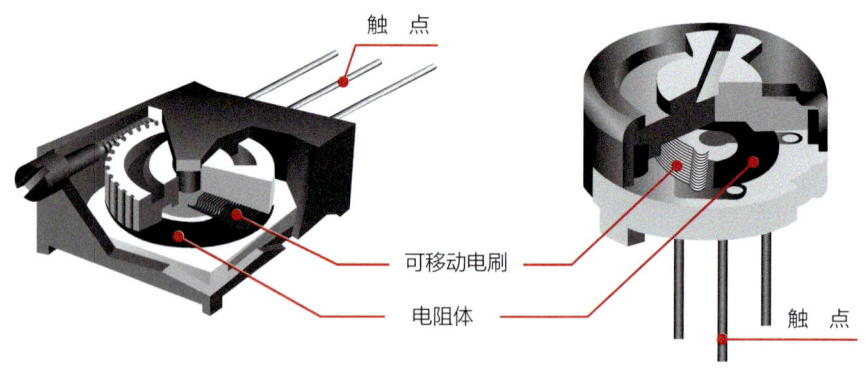

电位器结构

我们按照电位器传感器接线示意图接线示意图在连接线的 1 号线上焊接一个电阻，然后将电阻的另一端与 3 号线和 5 号线焊接在一起，最后将电位器与连接线相连便可成功制作电位器传感器。

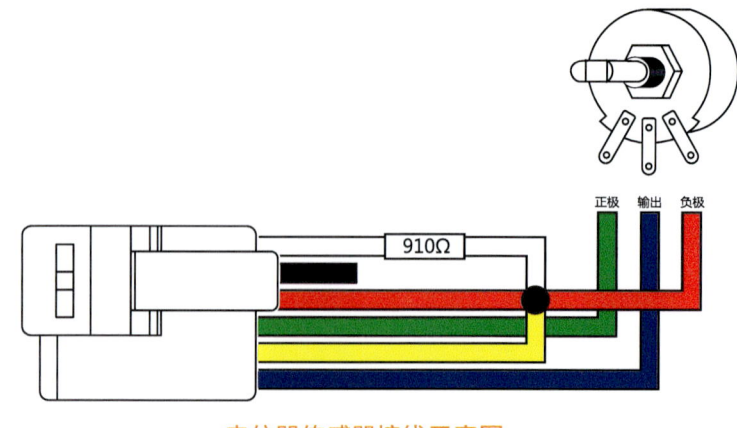

电位器传感器接线示意图

● 拓展范例：模拟摇杆

接下来，我们使用电位器传感器、乐高科技件等制作模拟摇杆。模拟摇杆可控制光标移动到 EV3 显示屏的任意位置。

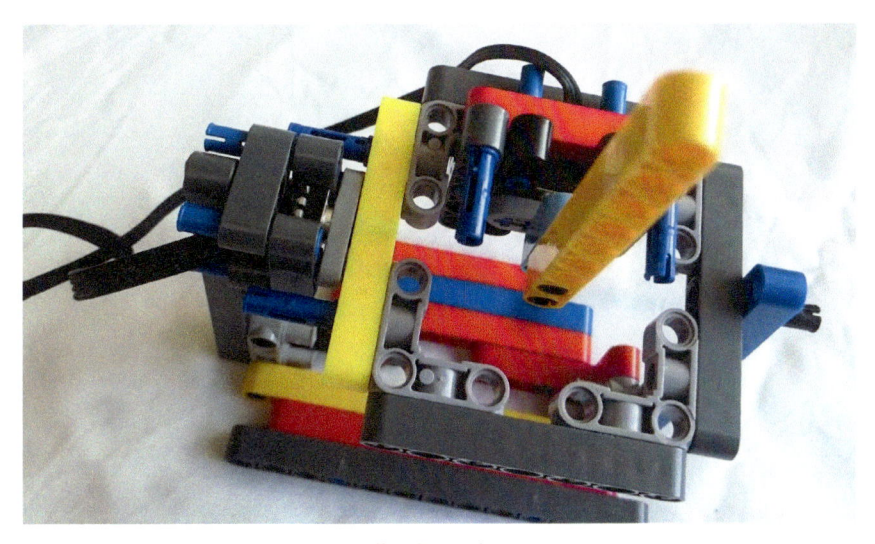

模拟摇杆成品

我们先用乐高科技件、9 型阻值为 50kΩ 的电位器制作 y 轴方向的摇杆结构。

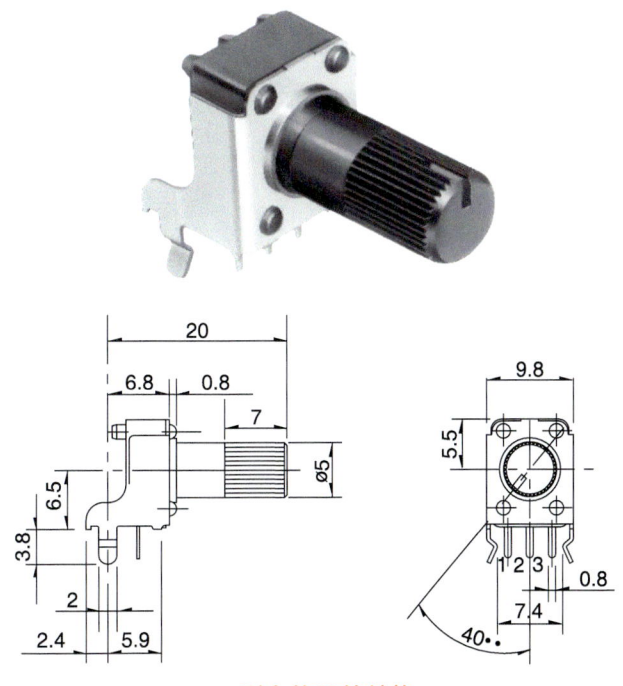

9 型电位器的结构

使用锉刀将两个 1×3 厚连杆的一侧锉去一部分。

将 2 个长两头栓和锉好的 1×3 厚连杆安装在一起。共制作两组。

安装两个没锉过的 1×3 厚连杆。

将 9 型电位器嵌入已做好的结构中。如果放不进去，就再锉一锉 1×3 厚连杆。

用 1×3 薄连杆、轴销等制作一个"盖子"，以防电位器掉出来。由于 1×3 薄连杆的孔径太小，我们需要使用电钻将其扩大一下。安装完成后，使用工具将轴销突出来的部分剪掉。

我们再用乐高科技件、9 型阻值为 50kΩ 的电位器制作 x 轴方向的摇杆结构。

准备乐高科技件和 9 型电位器，按步骤搭建 x 轴方向的摇杆结构。

最后搭建模拟摇杆的支架，使 x 轴方向的摇杆结构和 y 轴方向的摇杆结构可以前后左右移动。

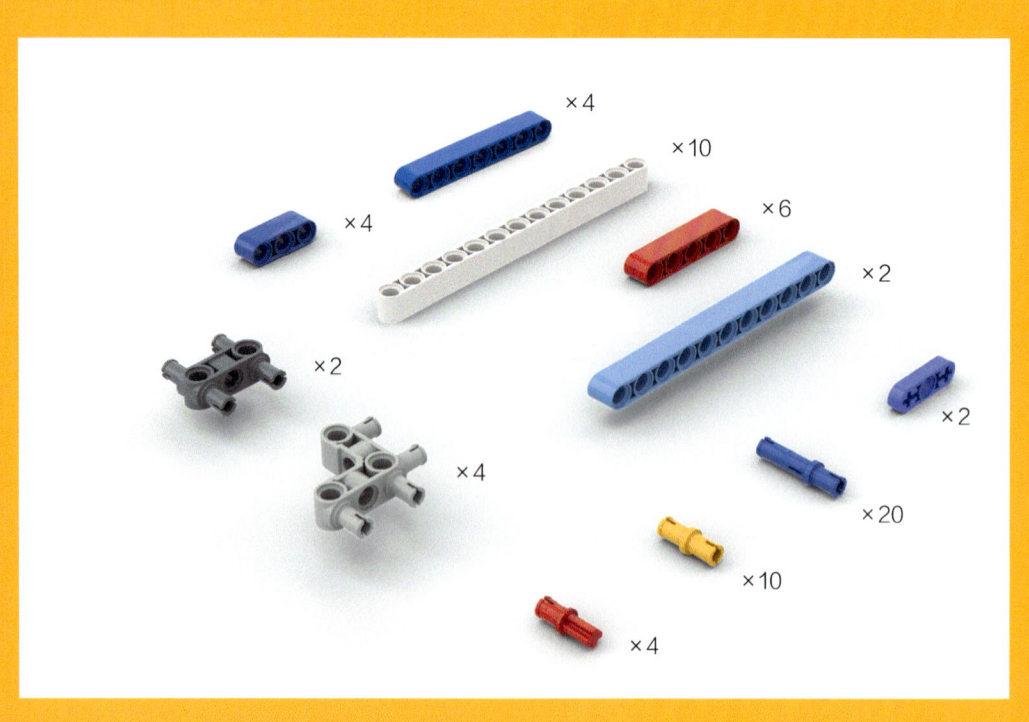

准备这些乐高科技件，和已经组装好的 x 轴方向的摇杆结构、y 轴方向的摇杆结构。

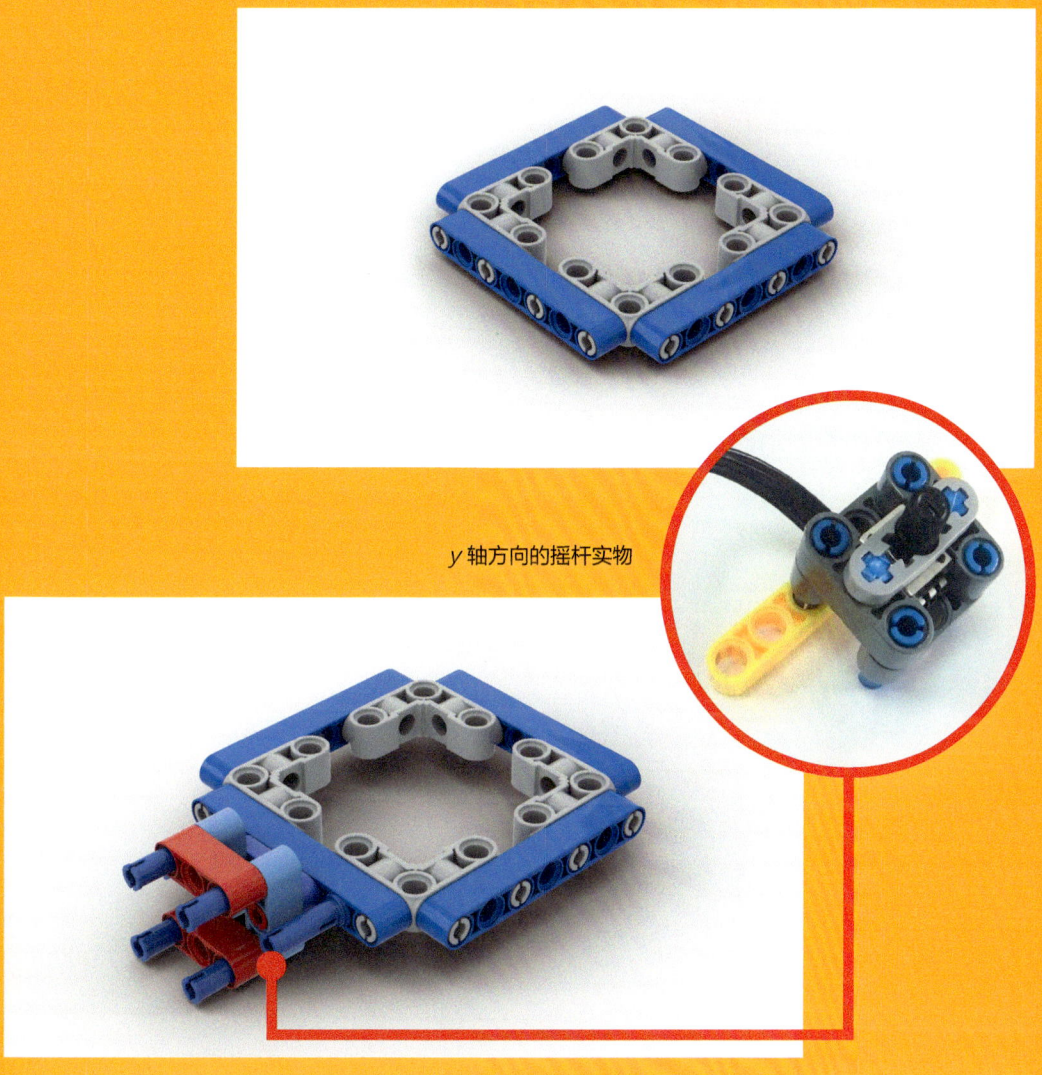

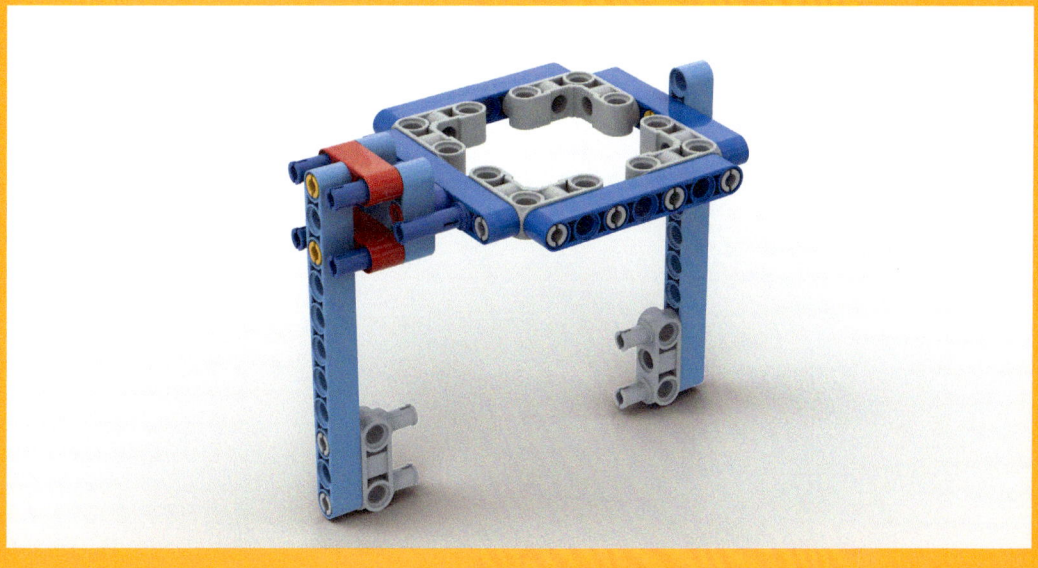

y 轴方向的摇杆实物

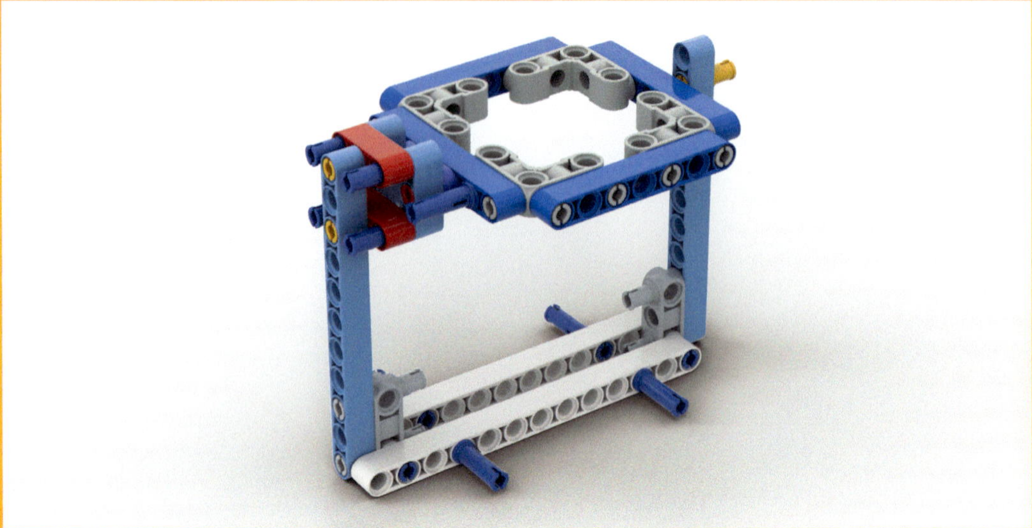

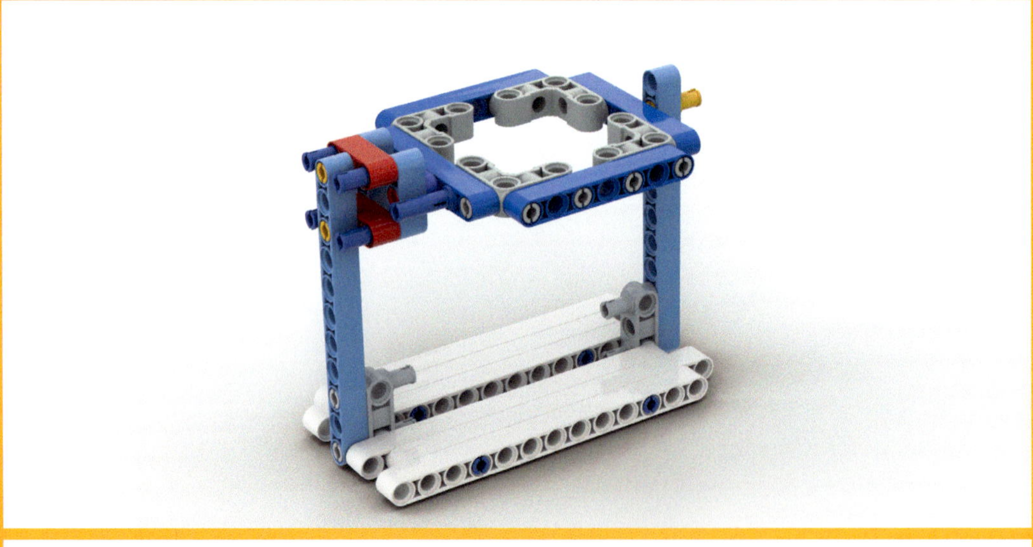

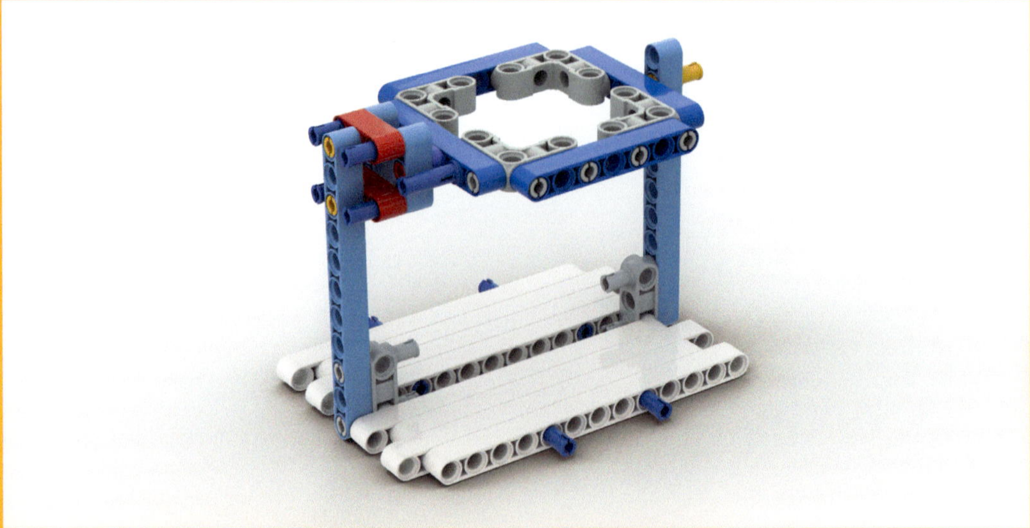

x轴方向的摇杆结构

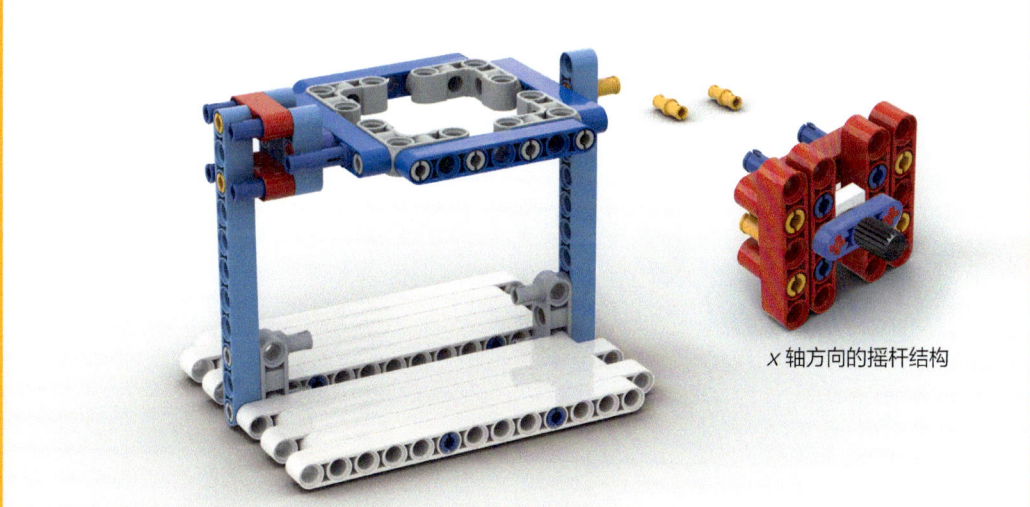

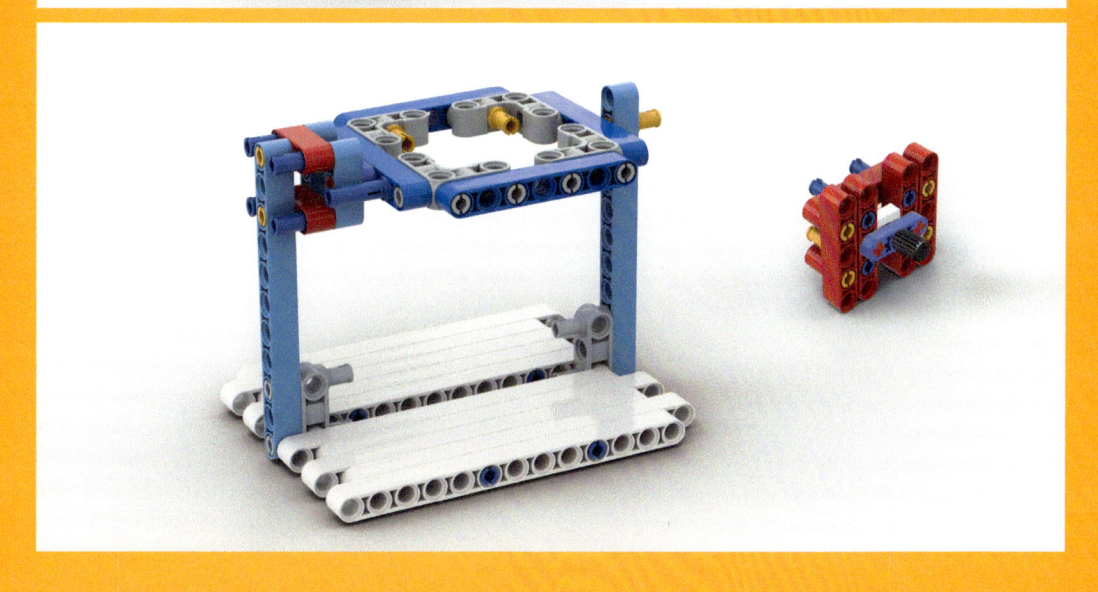

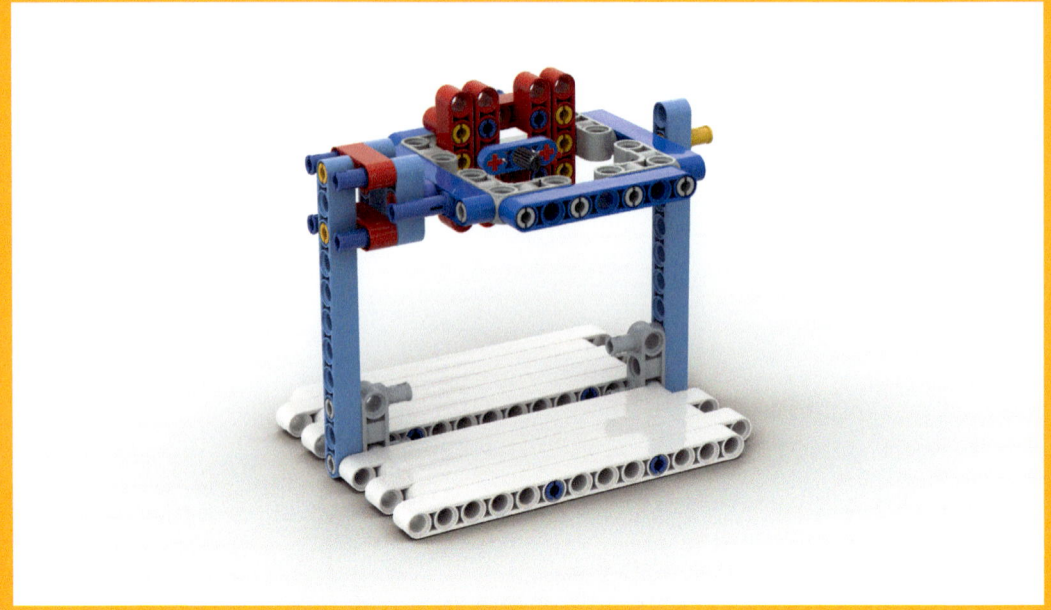

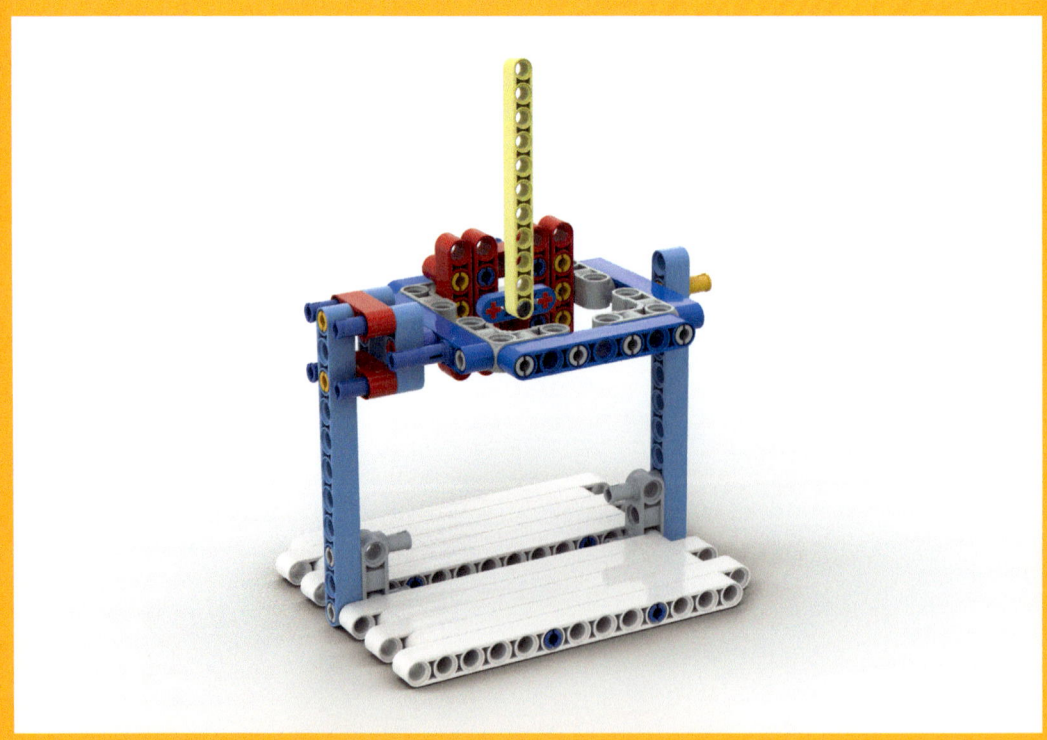

模拟摇杆的结构我们已经制作完成了。接下来使用 Mindstorms 软件编写程序。

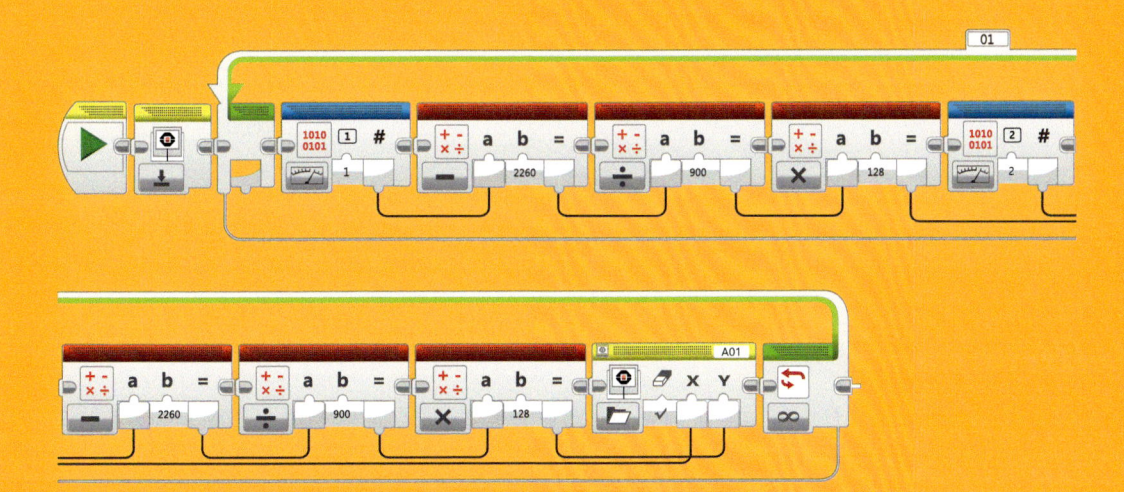

在 Mindstorms 软件中编写程序，使用原始传感器值模块、数学模块、显示模块、重置屏幕模块等，实现用模拟摇杆控制屏幕上光标的功能。

程序中的 2260、900、128 是关键参数。2260 代表电位器的最大阻值，900 是电位器最大阻值与最小阻值的差，而 128 则是电位器的总旋转角度。不同电位器的这三个数值会有所不同。因此在使用不同的电位器时，需要通过实际测试来获取这些的准确数值，并对程序进行相应的调整，以确保光标能够准确地根据摇杆的转动而移动。

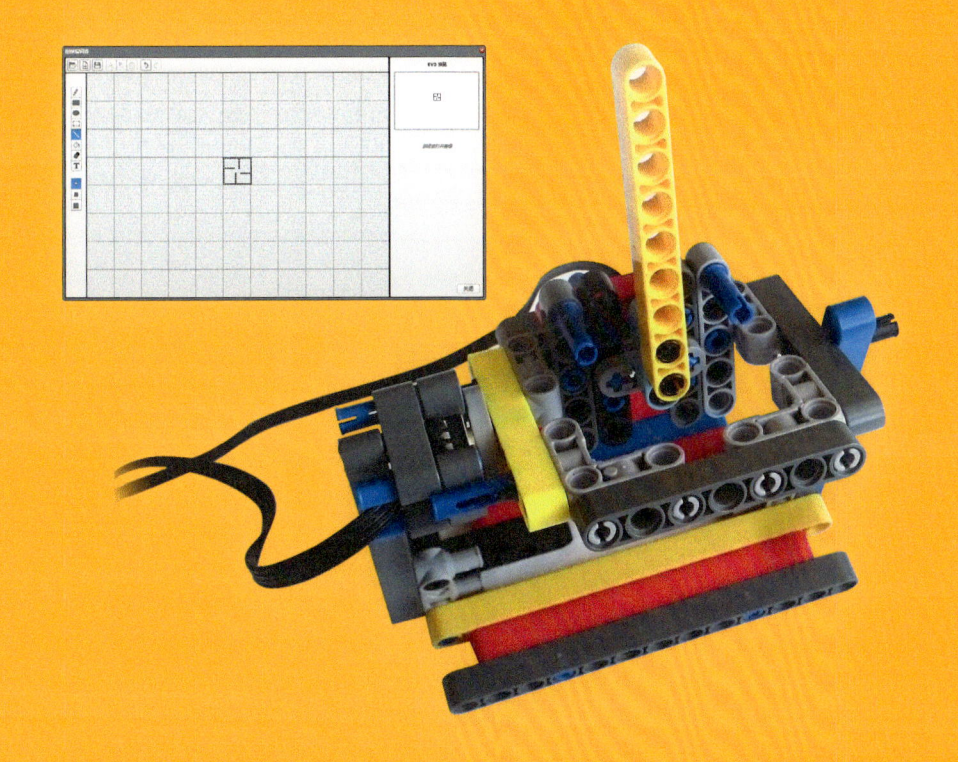

光敏电阻传感器

光敏电阻，又称光导管或光敏器件，是一种能够根据光照强度的变化而改变其阻值的电子元件。当光线照射到光敏电阻上时，其内部的载流子数量会增加，从而导致阻值下降。光照越强，光敏电阻的阻值越小；反之，在光线减弱或处于黑暗环境中时，光敏电阻的阻值会增大。

这种特殊性质使得光敏电阻在多种应用场景中发挥着作用，如自动照明控制系统、光照强度测量仪器、光电开关、安防报警系统等。此外，光敏电阻还具有体积小、灵敏度高、反应速度快、价格低廉且易于集成等优点，是光电技术领域中的关键传感器件。

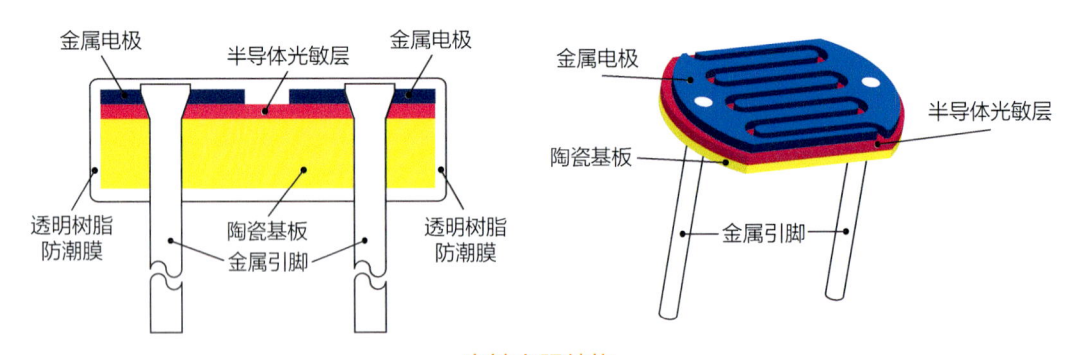

光敏电阻结构

从光敏电阻的结构可以看出，它有两个引脚。我们参考制作触动传感器的方法，使用光敏电阻和连接线制作光敏传感器，并通过三个实例来讲解光敏传感器的使用方法。

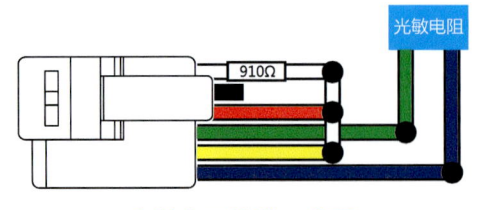

光敏电阻接线示意图

● 拓展范例：光敏警报器

我们使用光敏电阻、EV3、乐高科技件等制作一个光敏警报器。将这个光敏警报器放置在抽屉里，当有人打开抽屉时，它就会发出警报声。

准备这些材料和连接线。

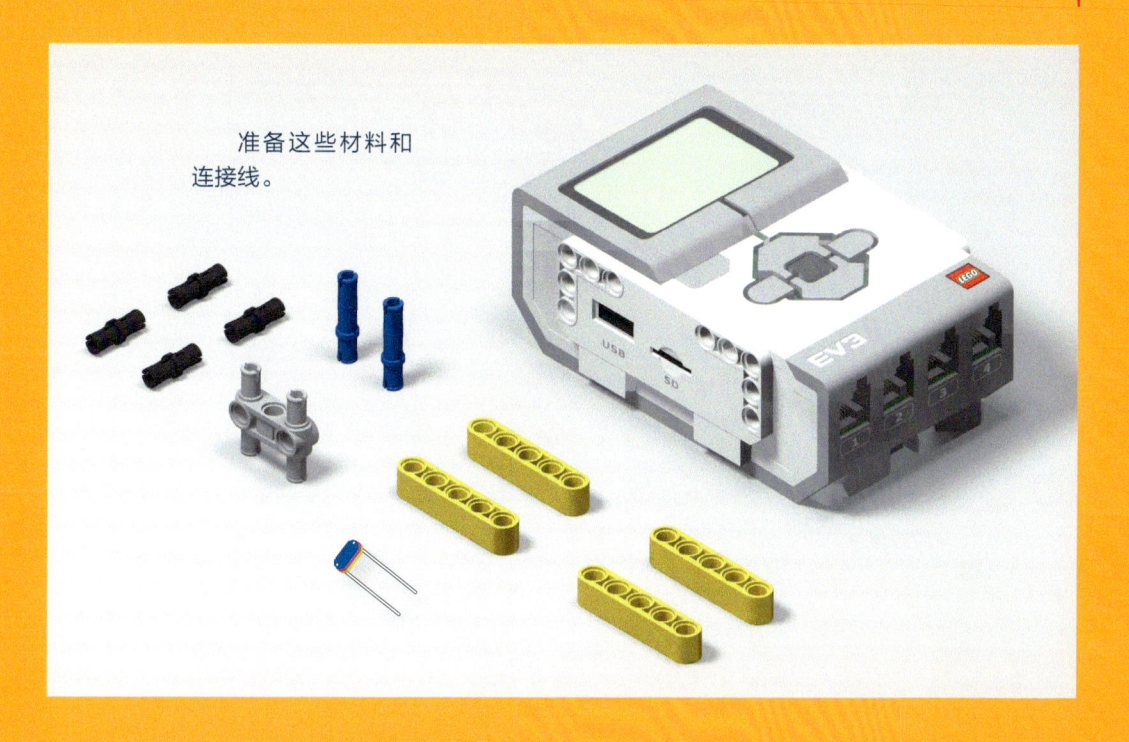

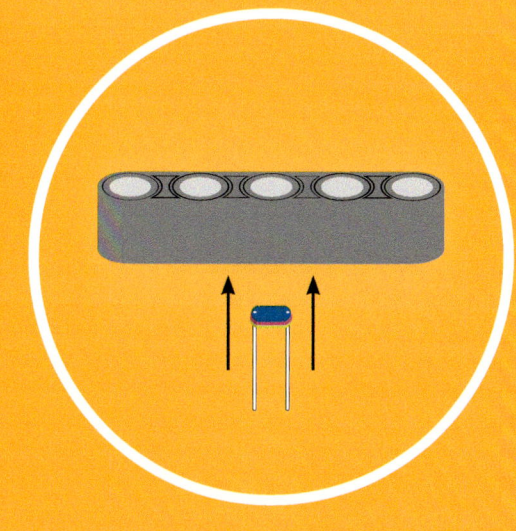

将光敏电阻插入1×5厚连杆的中间孔中。这么做的目的是为了固定光敏电阻的感光方向。

使用纸巾等固定光敏电阻。

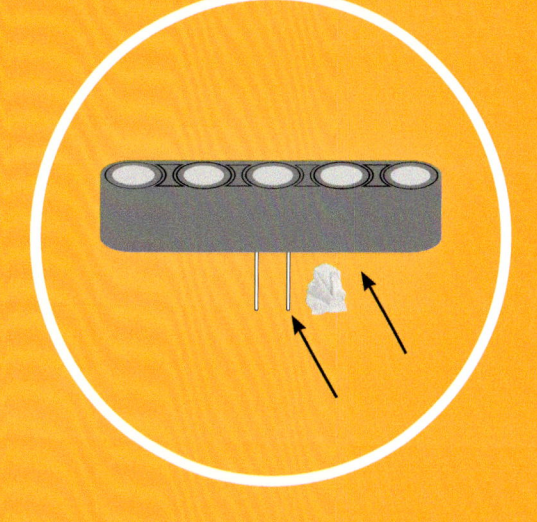

按照步骤继续搭建光敏警报器。

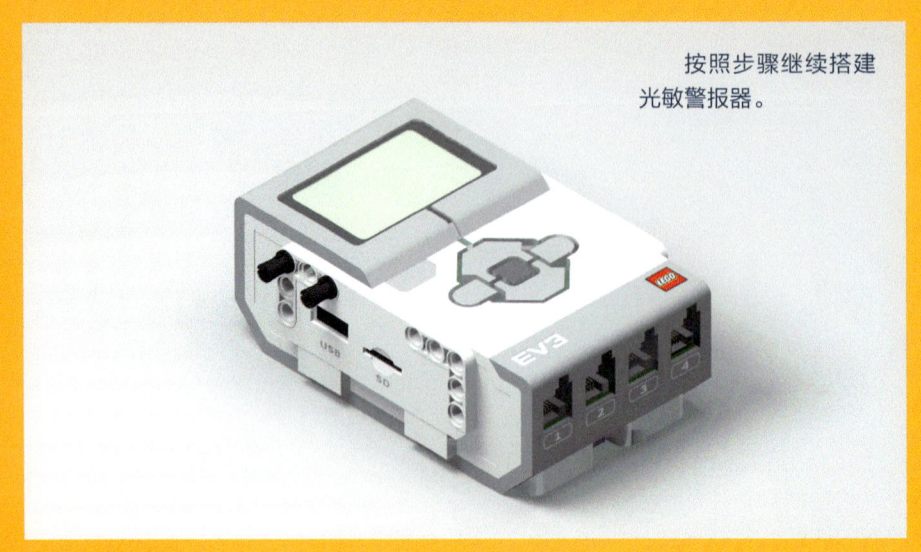

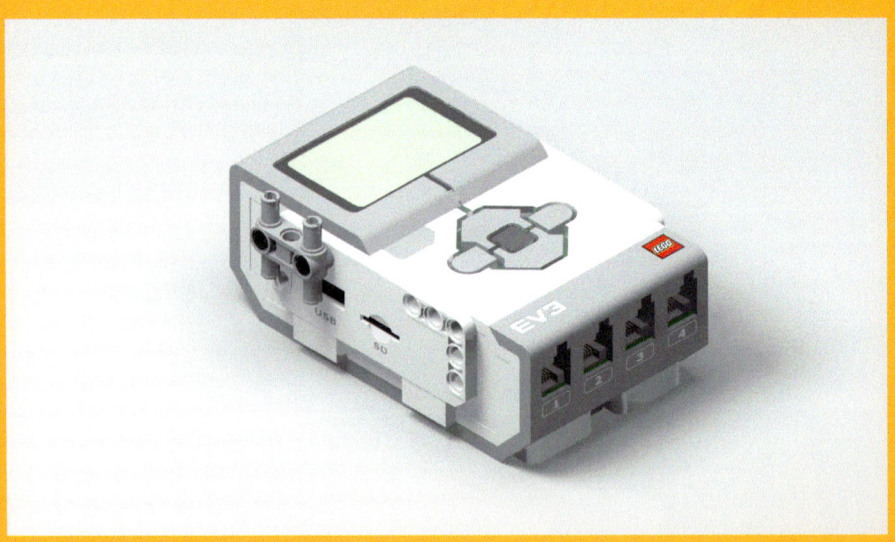

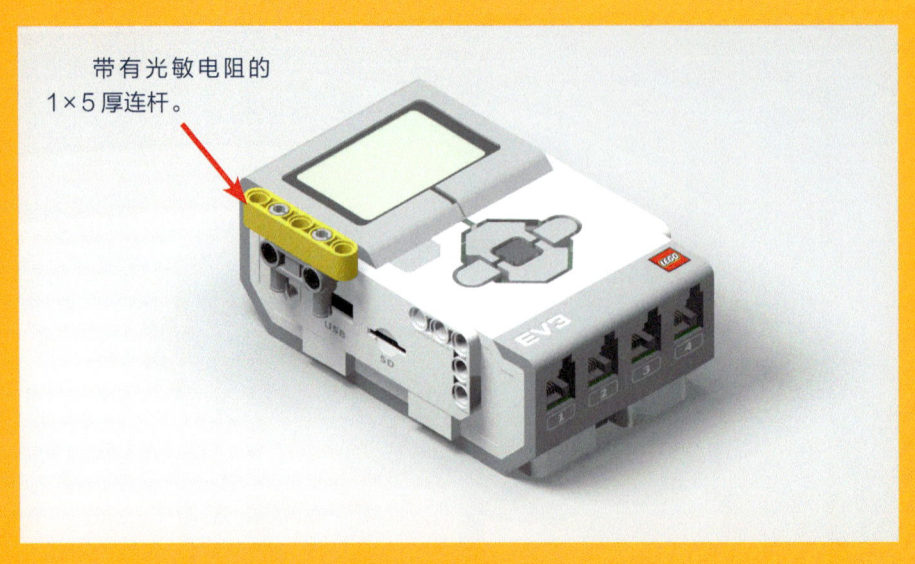

带有光敏电阻的 1×5 厚连杆。

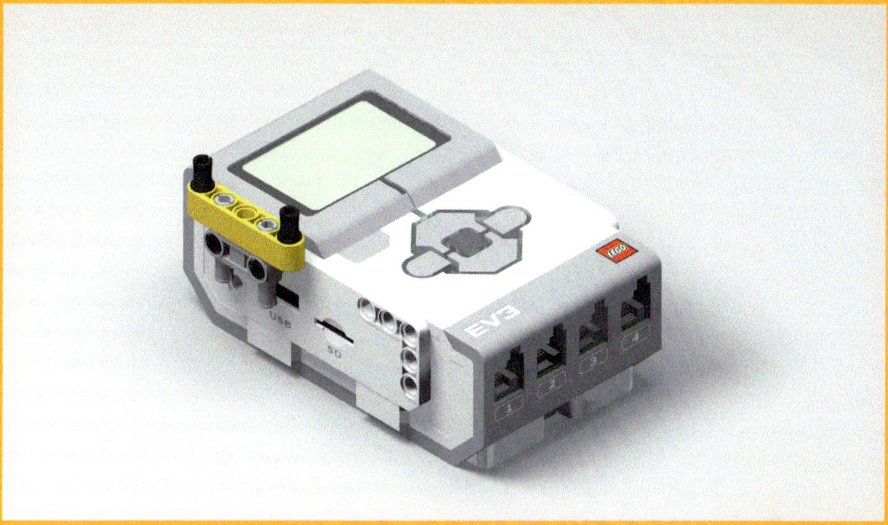
EV3

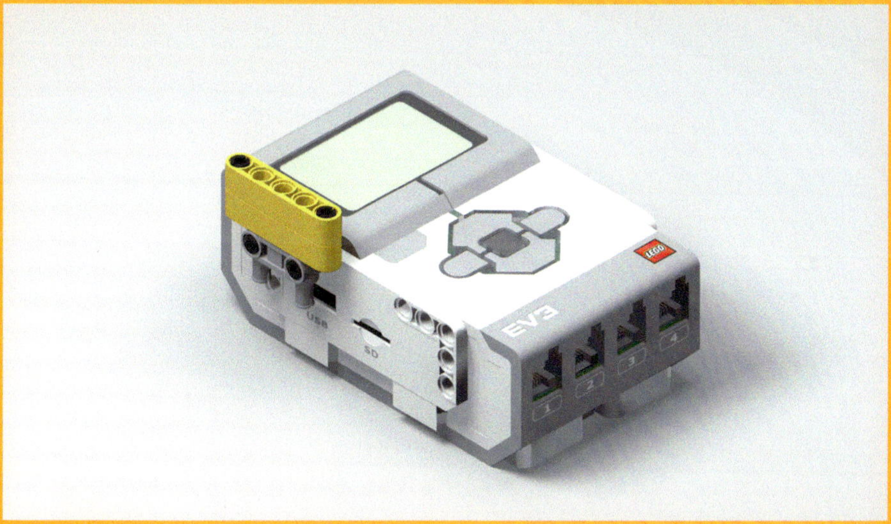
EV3

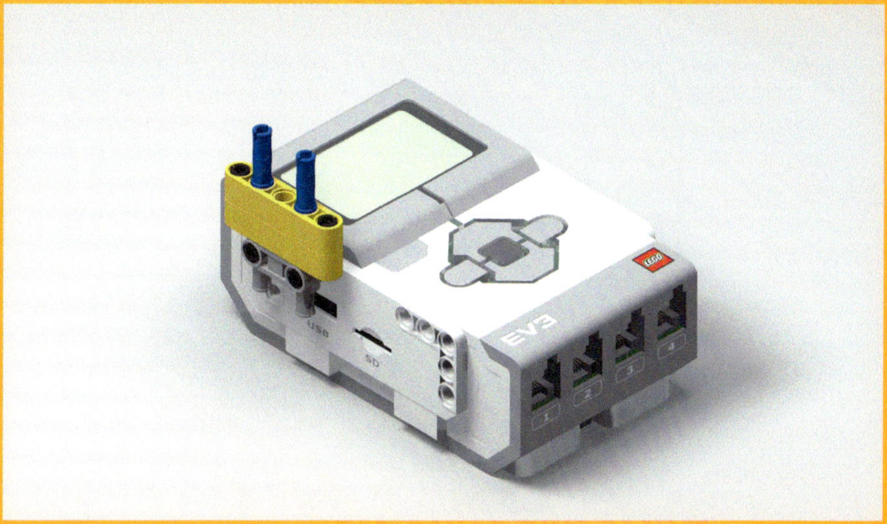
EV3

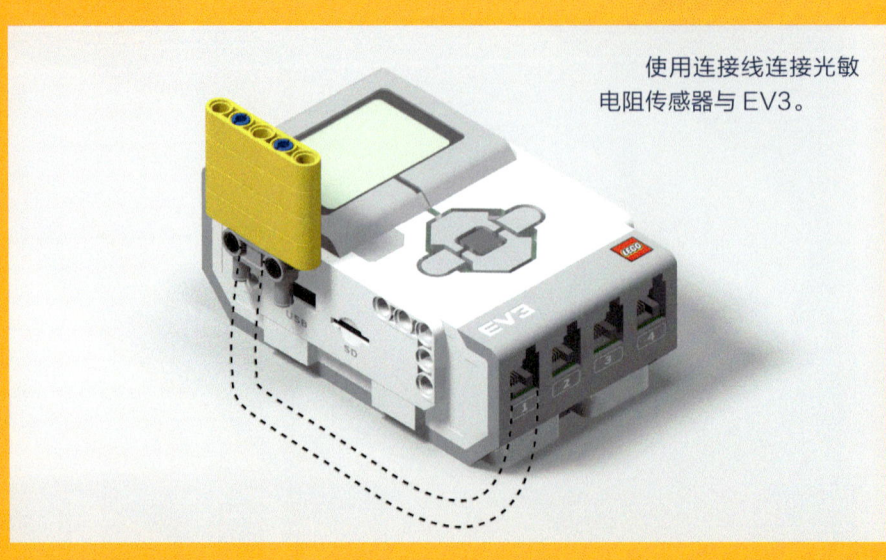

使用连接线连接光敏电阻传感器与 EV3。

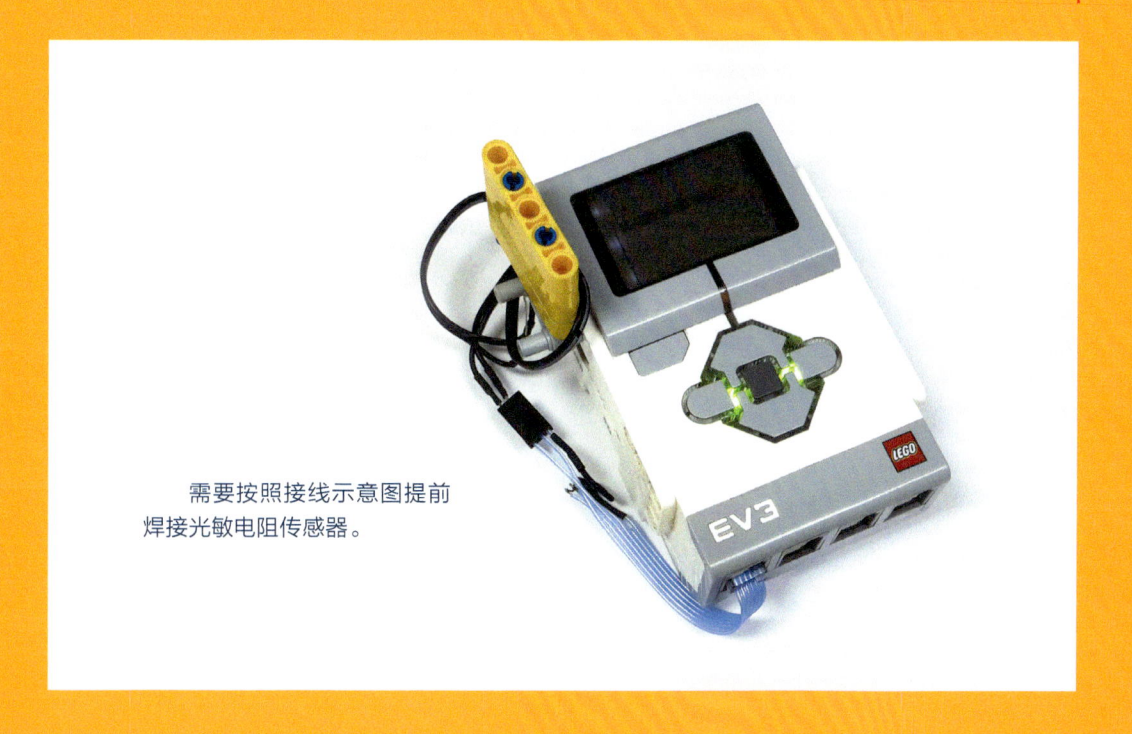

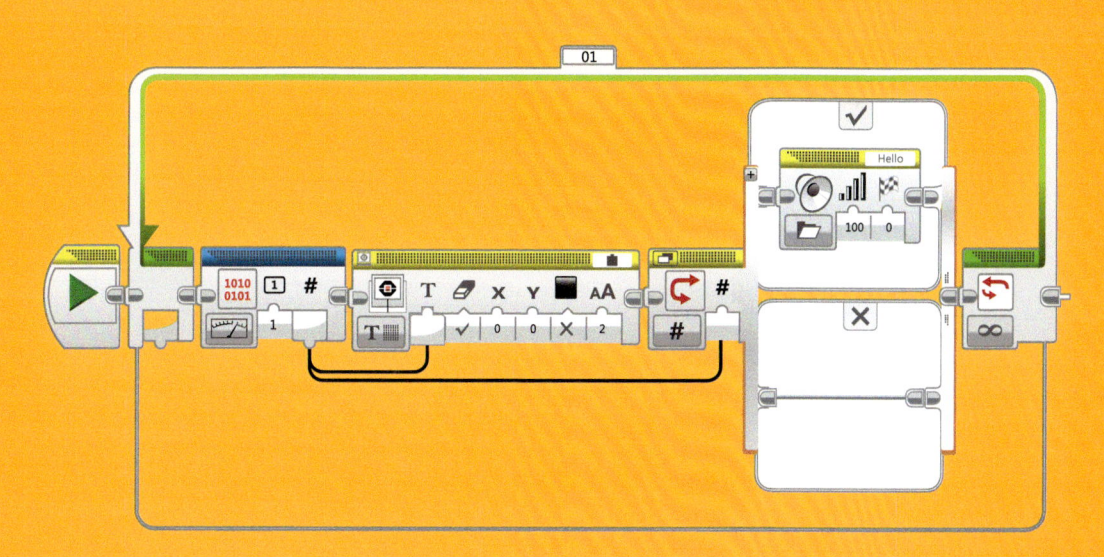

需要按照接线示意图提前
焊接光敏电阻传感器。

在Mindstorms软件中编写一段简单的程序,使用原始传感器值模块、显示模块、切换模块等,为光敏警报器设置显示效果和声音效果。

当光敏警报器接收到光线时,EV3显示屏会显示当前的光线值,并播放EV3自带的"Hello"音效。音效的音量会根据光线值的大小而变化:光线值越大,声音越大;反之,光线值越小,声音越小。

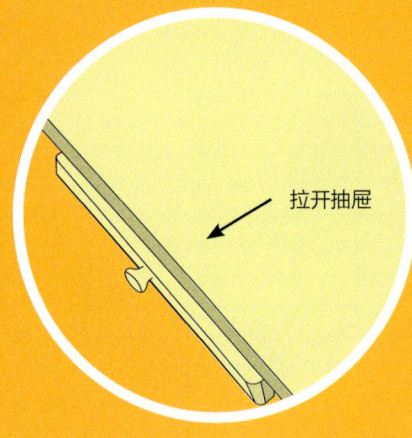

将制作好的光敏警报器放入抽屉，当抽屉被拉开时，光敏警报器发出警报声。

拉开抽屉

● 拓展范例：光敏版特雷门琴

特雷门琴是由物理学家利夫·特尔门于 1919 年发明的世界上首件电子乐器，无须身体直接接触即可演奏。特雷门琴外观独特，通常呈长条盒状，配备一根超长天线和一个环形圈，现代版本的可能还包含电源开关等简易控件。特雷门琴的工作原理是通过两个无线电频率振荡器产生音频信号，其中一个振荡器的频率固定，另一个则根据演奏者手与天线和环形圈的距离变化而调整，从而控制音调和音量。

接下来，我们使用自制的光敏电阻传感器制作一个同样无须身体直接接触即可演奏的光敏版特雷门琴。

利夫·特尔门与特雷门琴

第 2 章　传感器 DIY | 059

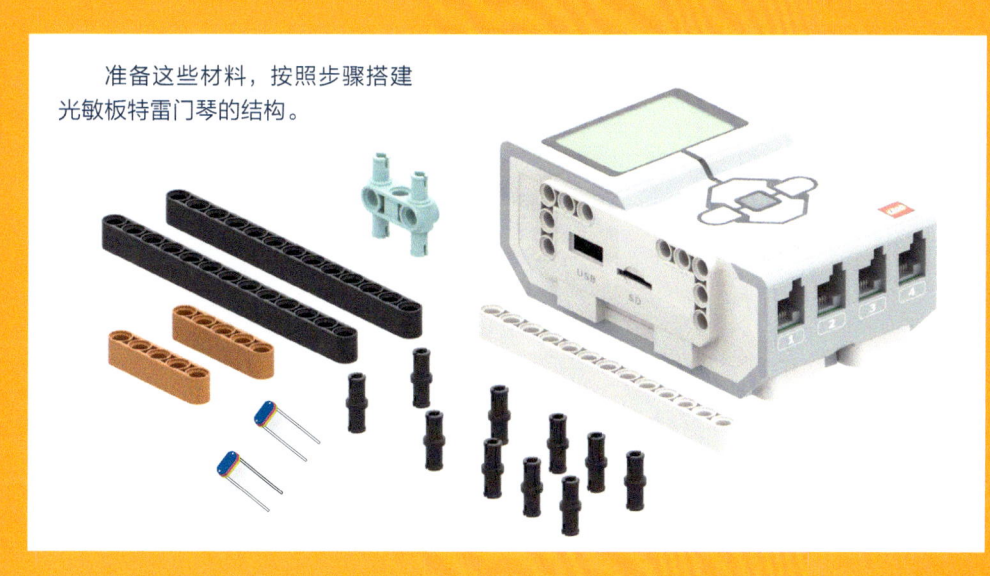

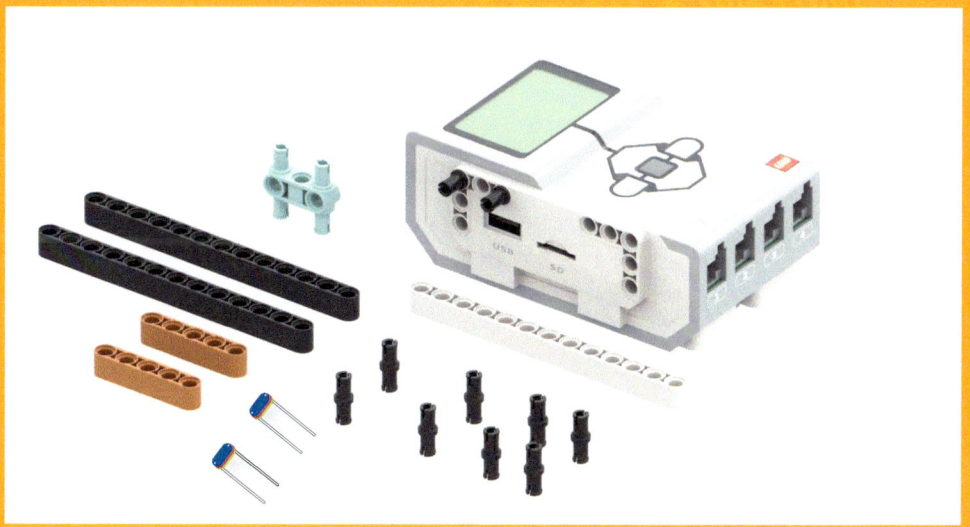

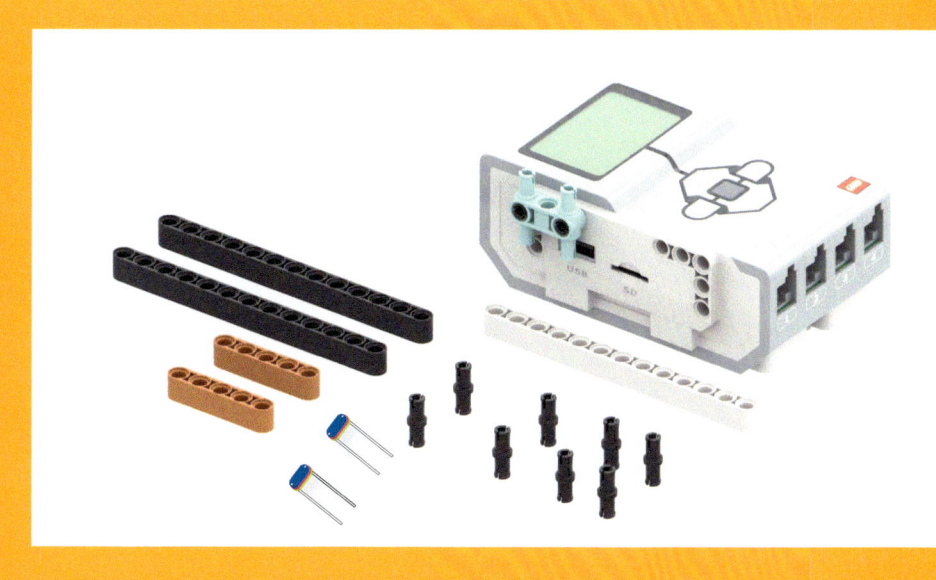

准备这些材料，按照步骤搭建光敏板特雷门琴的结构。

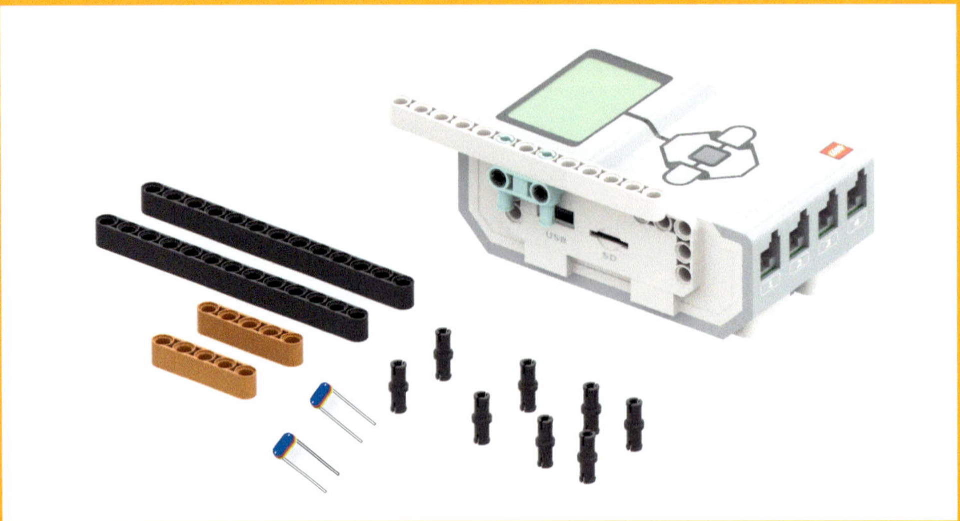

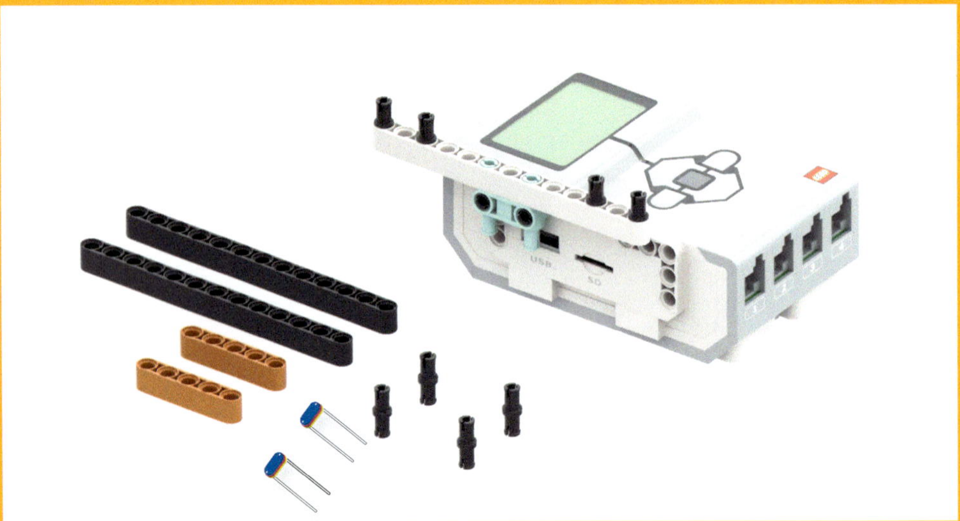

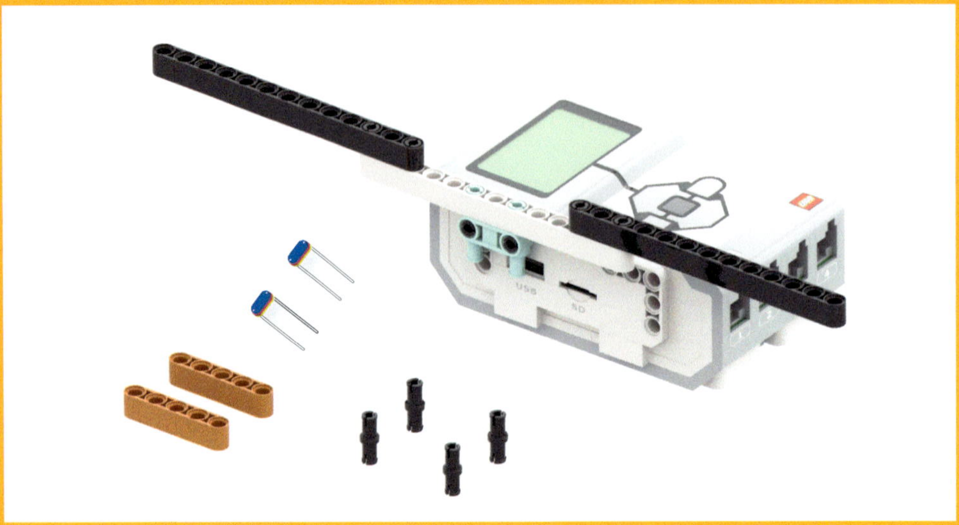

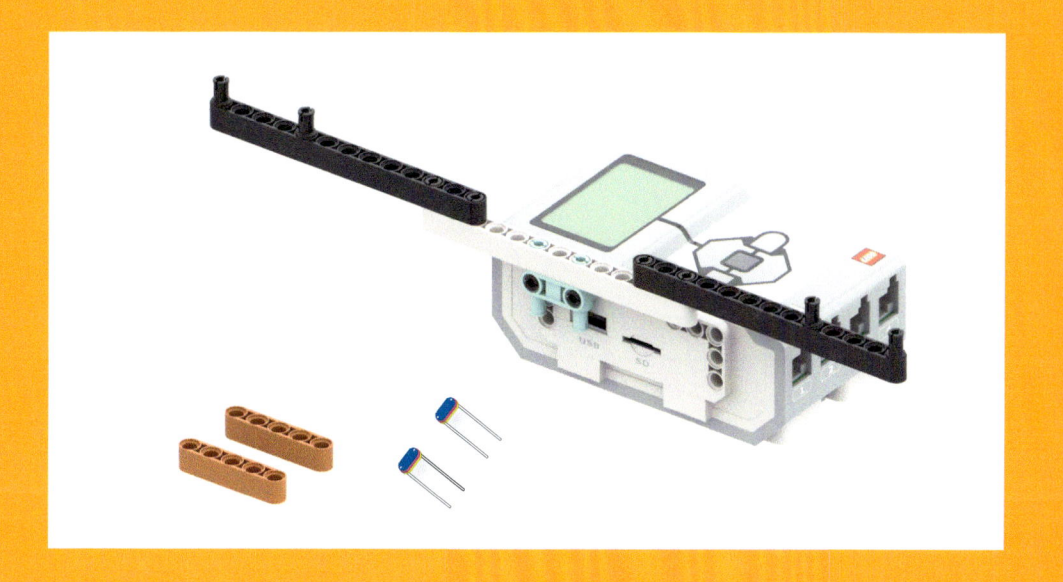

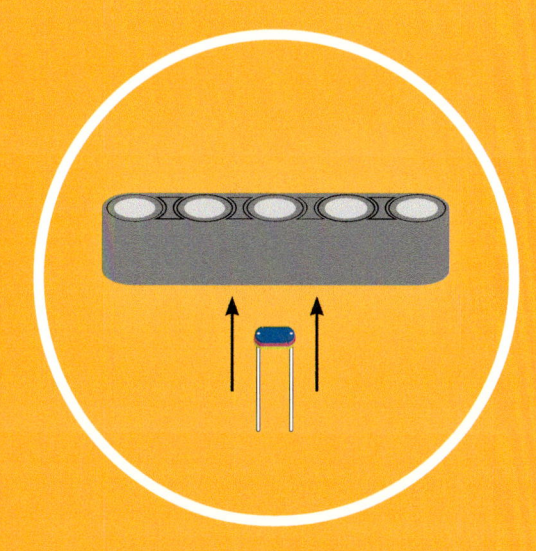

将两个光敏电阻分别插入两个
1×5厚连杆的中间孔中。

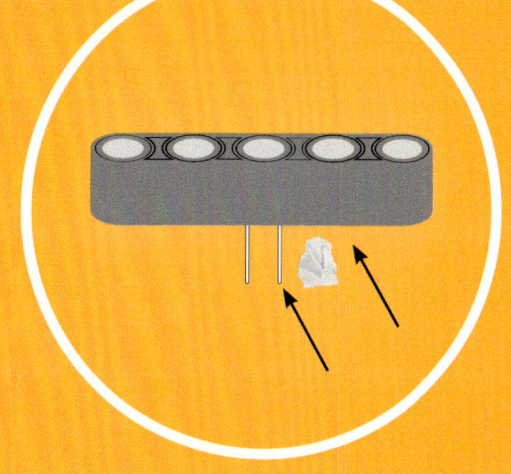

使用纸巾等
固定光敏电阻。

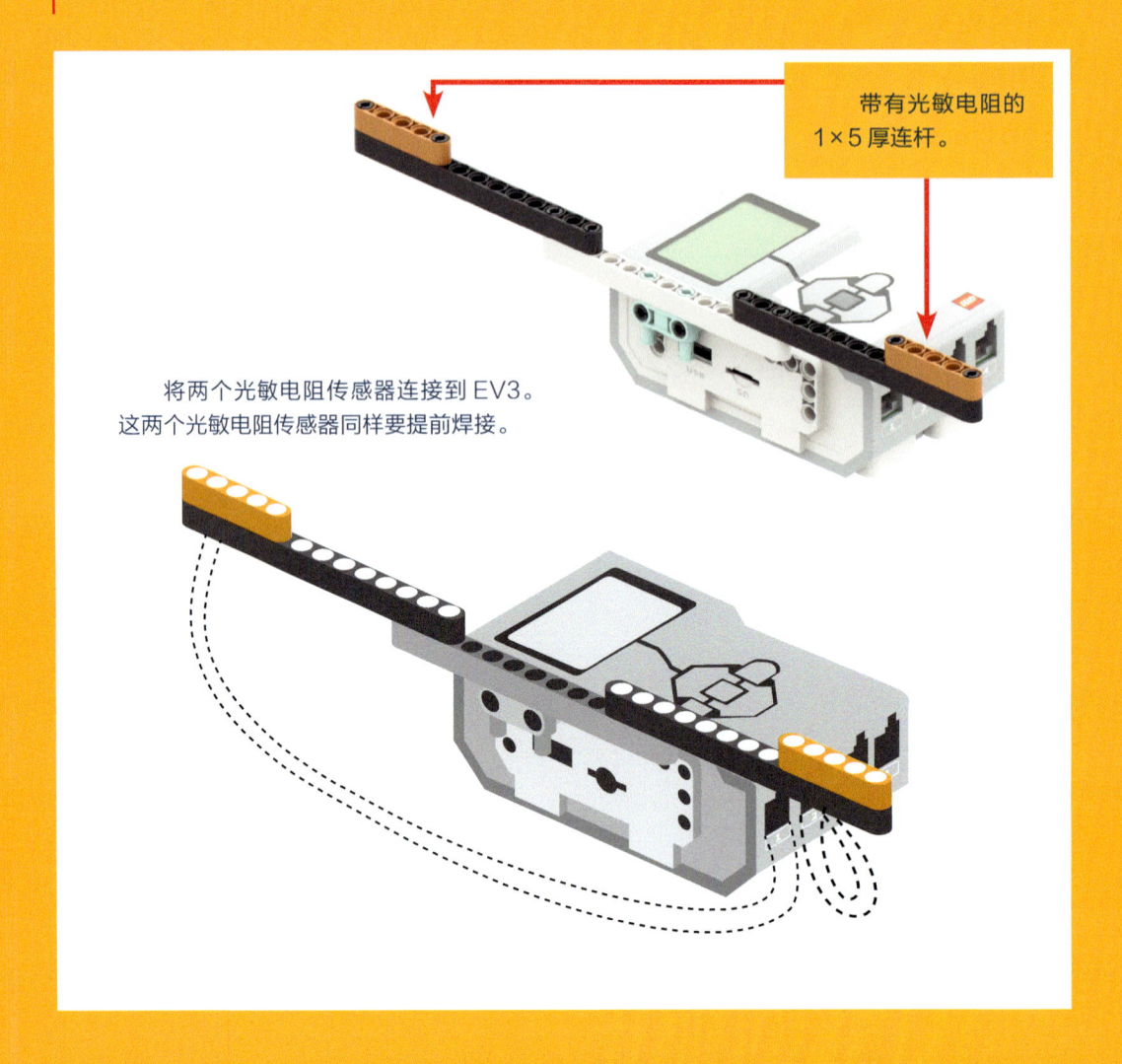

带有光敏电阻的 1×5 厚连杆。

将两个光敏电阻传感器连接到 EV3。这两个光敏电阻传感器同样要提前焊接。

在 Mindstorms 软件中编写程序，使用两个原始传感器值模块分别读取两个光敏电阻传感器的值，并通过显示模块将这两个值分别显示在 EV3 显示屏上。接着，计算这两个值的差，并将其作为控制音调的参数。同时，也将这两个值的差通过显示模块显示在 EV3 显示屏上。

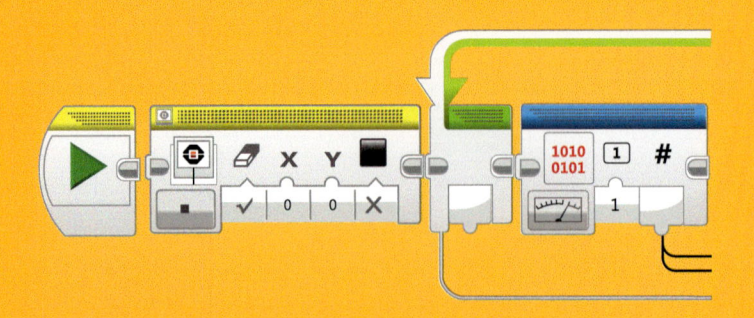

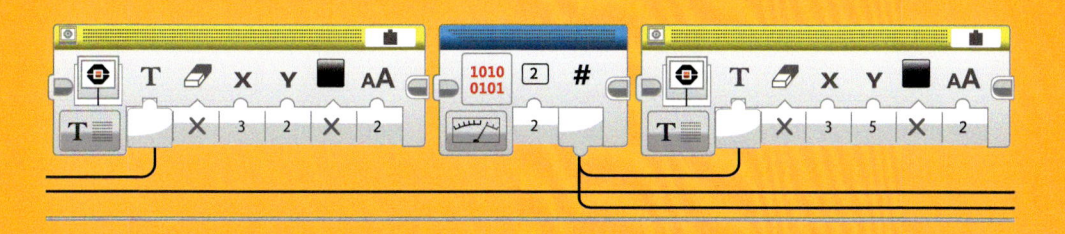

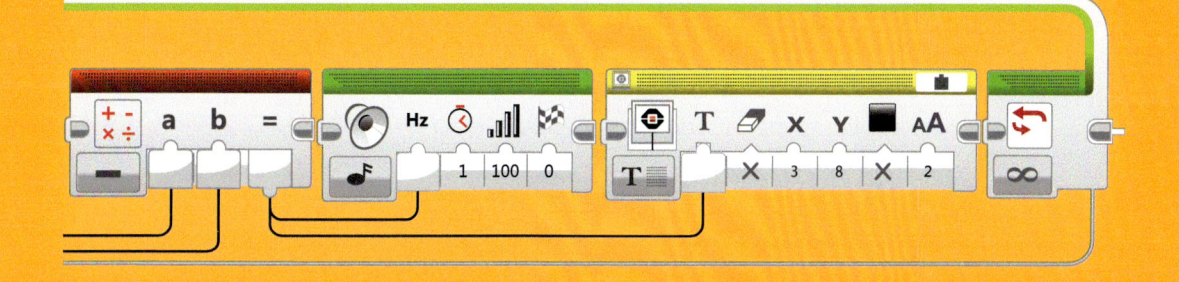

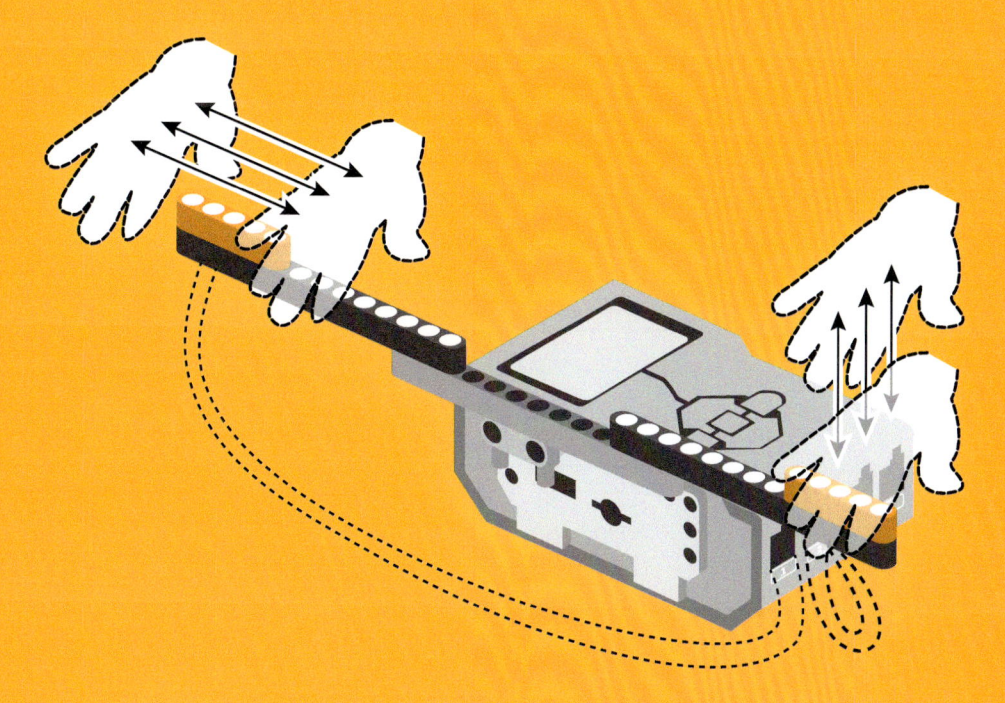

只需在厚连杆上方挥动手，就能演奏光敏版特雷门琴了。大家可以发挥想象力，尝试采用不同的连接方式，比如使用菊链连接方式将两个 EV3 串联起来，这样就能演奏出更加丰富多变的声音了。

● 拓展范例：追光器

　　太阳能追踪器通过精密的控制系统和机械结构，使太阳能电池板能够实时跟踪太阳的位置，确保电池板始终正对太阳，从而最大化地吸收太阳能。

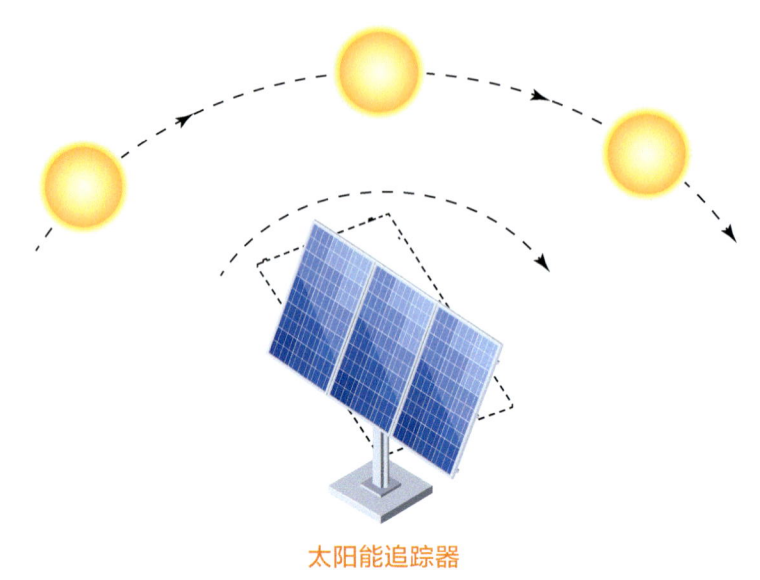

太阳能追踪器

　　我们使用光敏电阻、EV3、乐高科技件等制作一个简易的追光器，使装置上的"指针"可以追着光线移动。

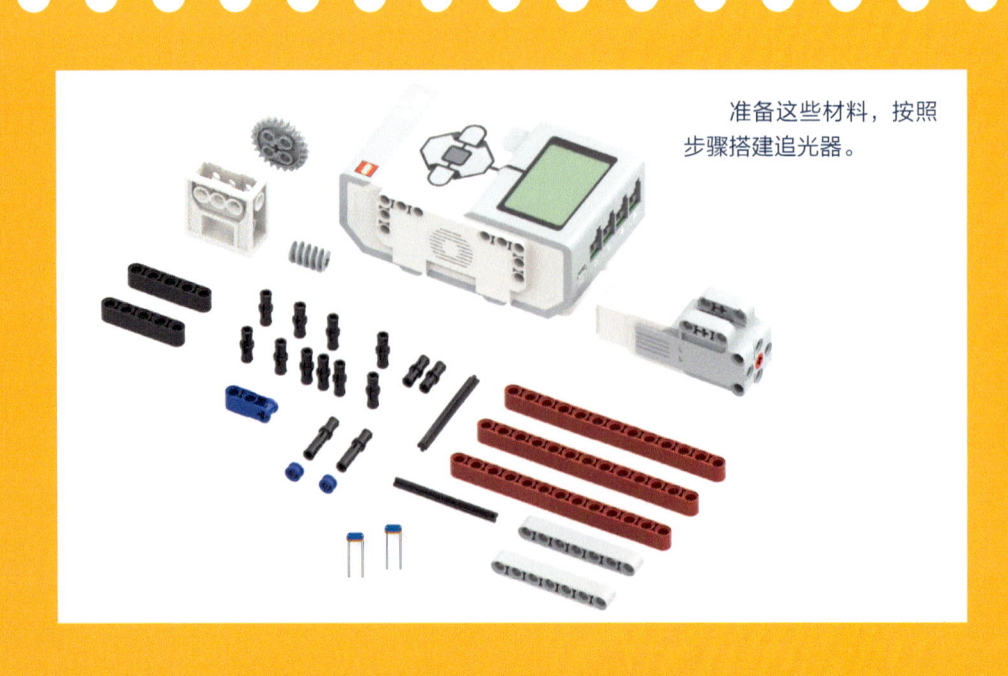

准备这些材料，按照步骤搭建追光器。

第 2 章　传感器 DIY　　065

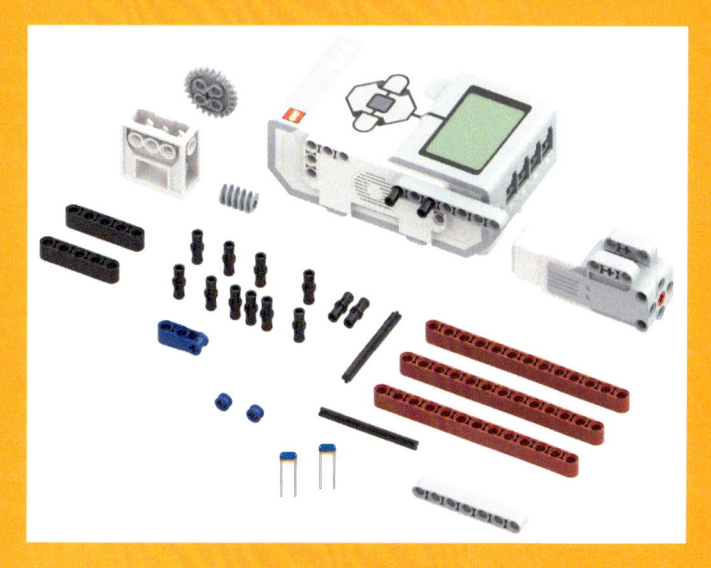

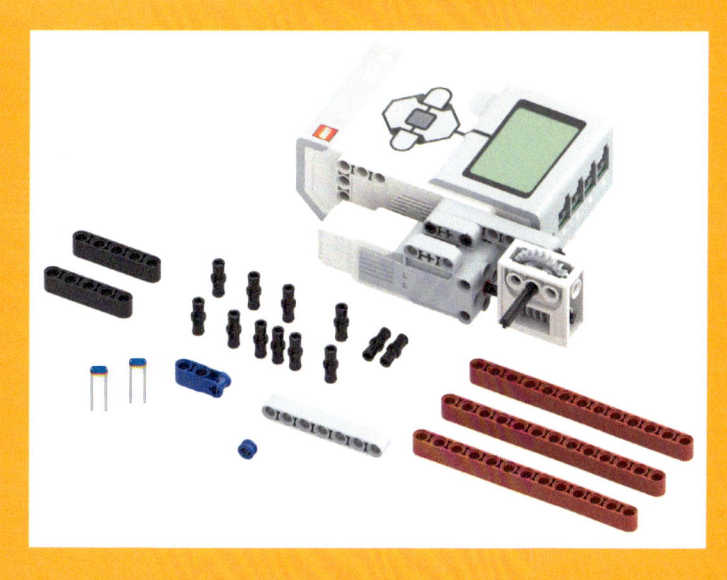

此处需要注意
半轴套的安装位置。

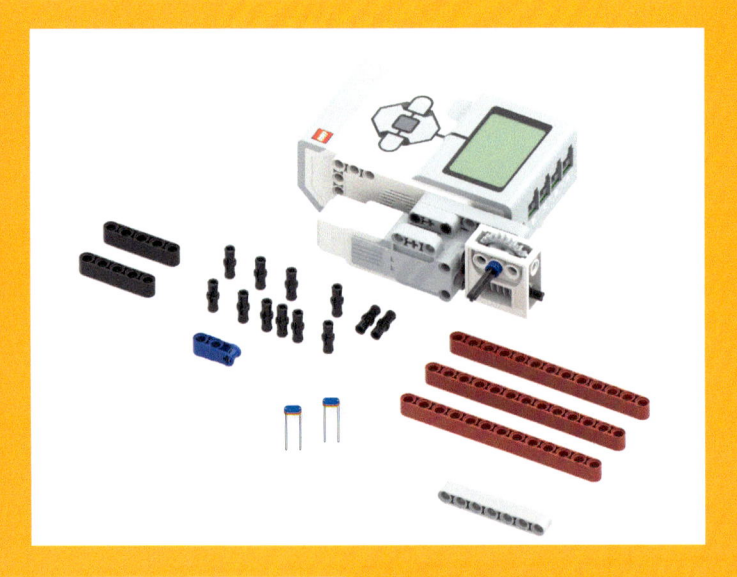

第 2 章 传感器 DIY | 067

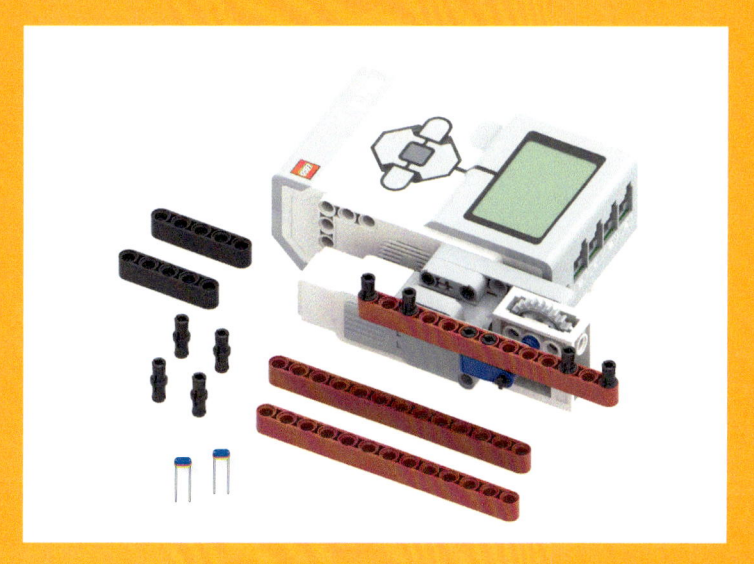

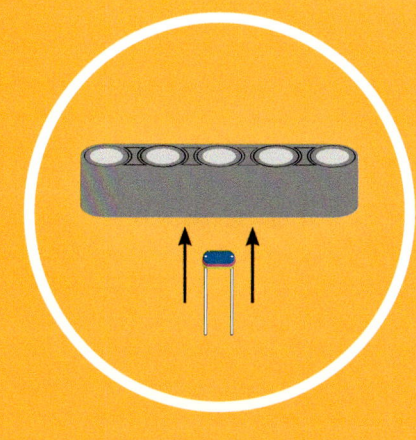

将两个光敏电阻分别插入两个 1×5 厚连杆的中间孔中。

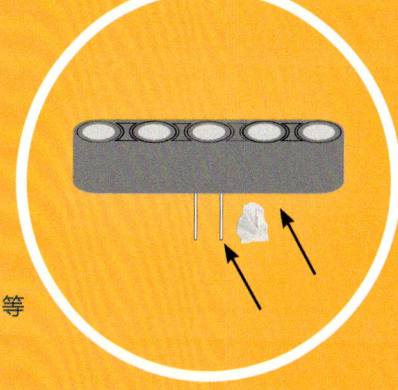

再使用纸巾等固定光敏电阻。

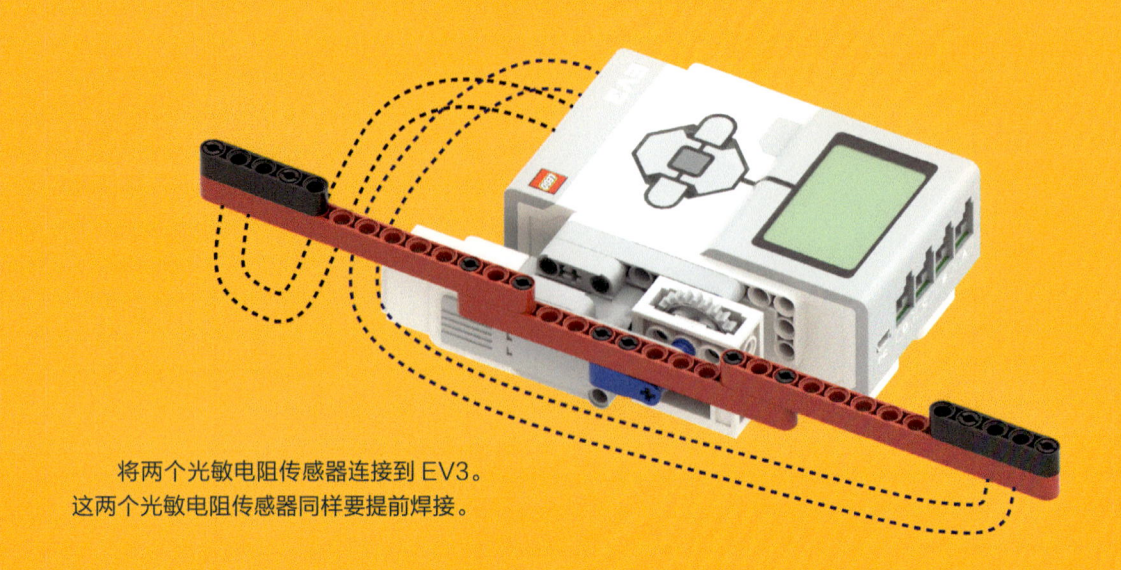

将两个光敏电阻传感器连接到 EV3。这两个光敏电阻传感器同样要提前焊接。

在 Mindstorms 软件中编写程序，使用原始传感器值模块分别读取两个光敏电阻触感器的值；接着通过数学模块、舍入模块对这两个值进行处理；之后将处理得到的两个值传递给变量模块存储；最后利用比较模块对变量模块中存储的两个值进行比较，并根据比较结果来控制追光器的"指针"进行旋转。

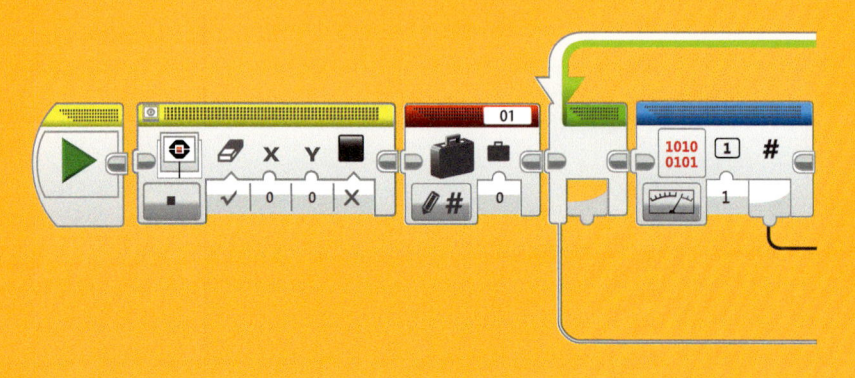

第 2 章　传感器 DIY

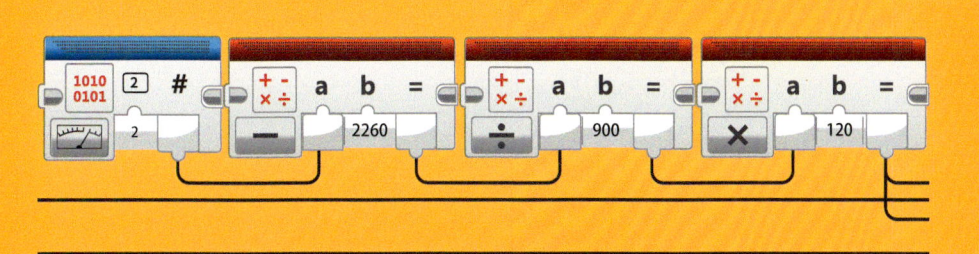

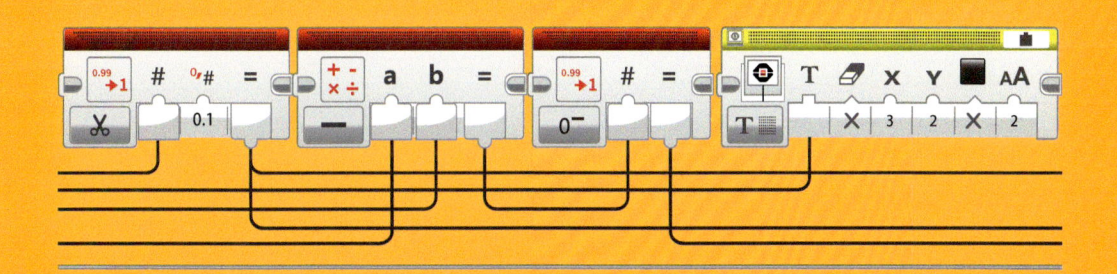

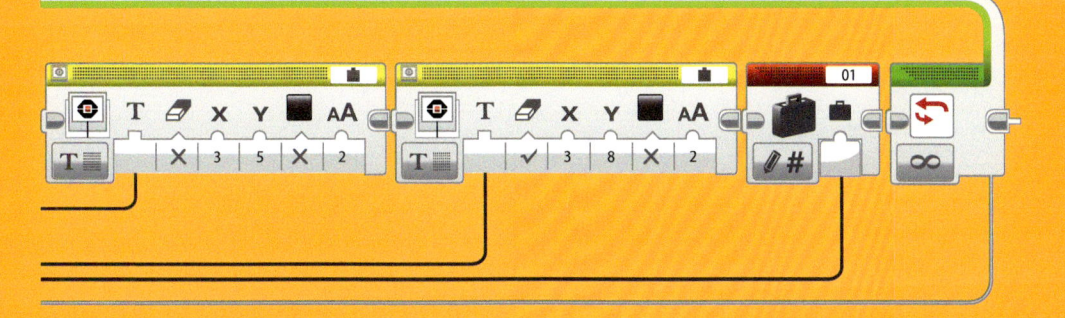

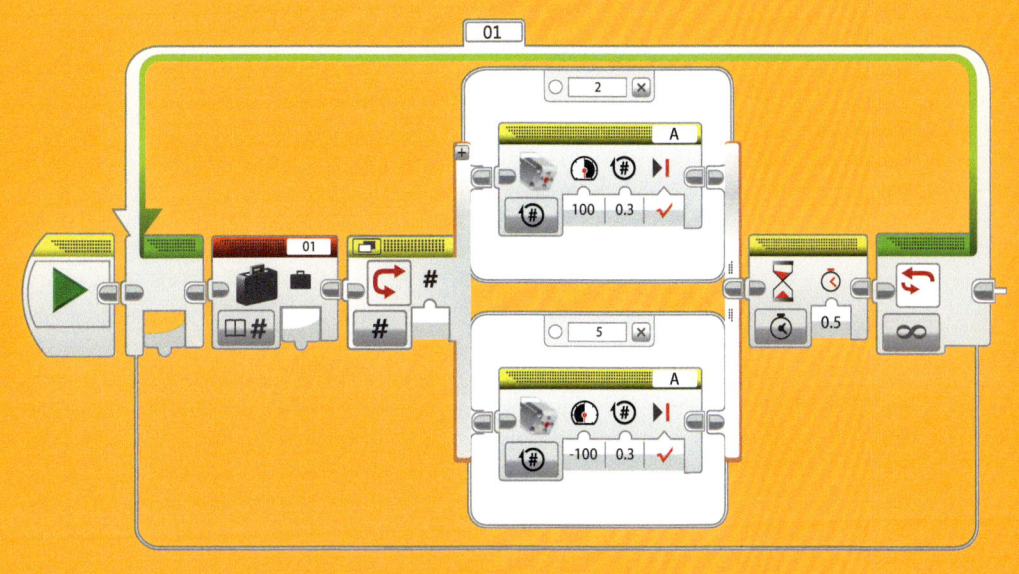

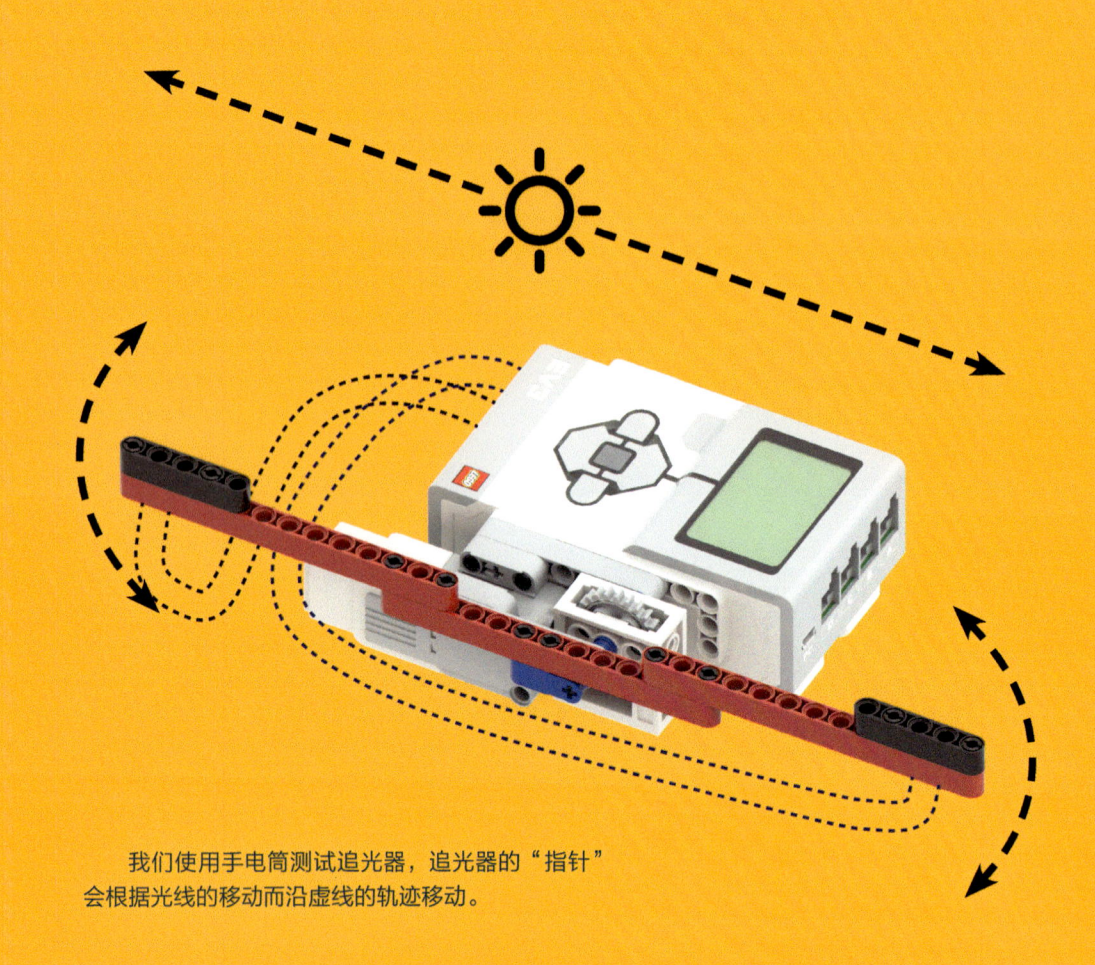

我们使用手电筒测试追光器，追光器的"指针"会根据光线的移动而沿虚线的轨迹移动。

第 3 章
常用传感器及导电滑环应用

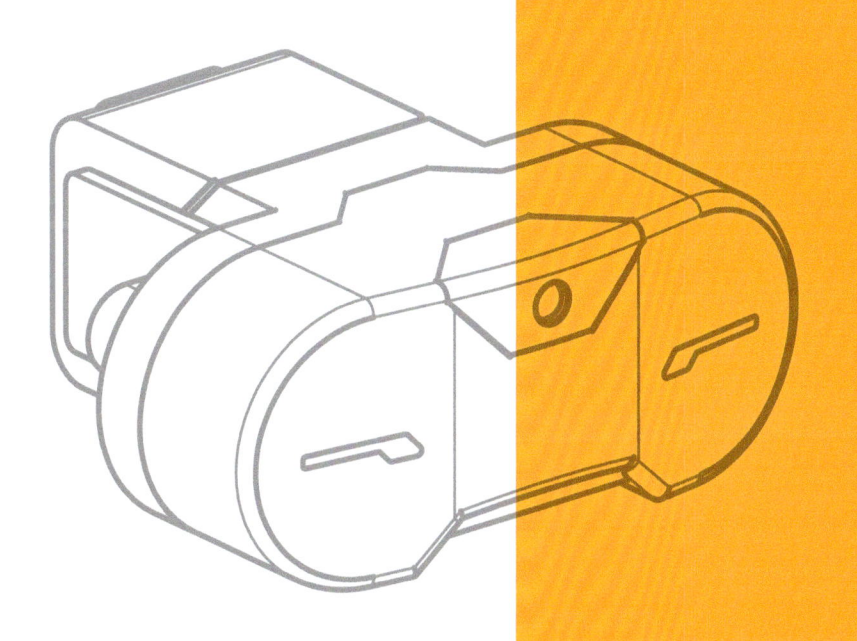

压力传感器

在生活中，压力测量的应用非常广泛，包括轮胎压力监测、肺活量测量、钢瓶内压力的监控等。

本节，我们使用 XGZP6847 压力传感器讲解如何将常见的压力传感器接入 EV3。之所以选择 XGZP6847 压力传感器，是因为它自带放大电路，能够简化外围电路的搭建过程。

XGZP6847 压力传感器

XGZP6847 压力传感器的核心部分通常包括一个利用 MEMS（微电子机械系统）技术加工的硅压阻式压力敏感芯片。这个芯片包含一个弹性膜及集成在膜上的四个电阻，这四个电阻形成了惠斯通电桥结构。当外部施加压力时，弹性膜会发生形变，导致阻值变化，通过测量这种变化可以得到压力的大小。

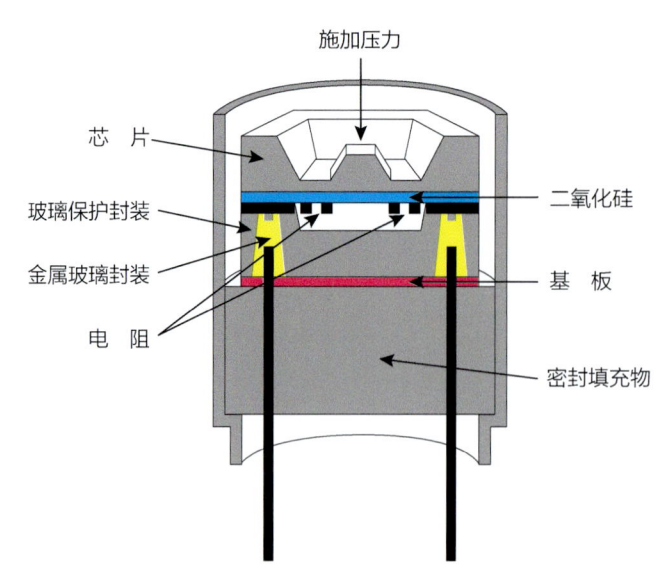

XGZP6847 压力传感器结构

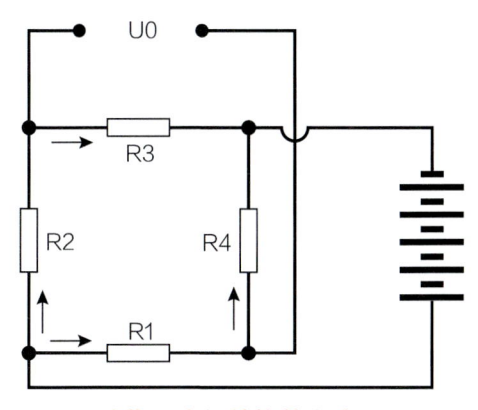

惠斯通电桥结构的电路图

我们通过示意图来展示 XGZP6847 压力传感器的弹性膜及膜上四个电阻的工作原理，并说明如何测得压力。

无压力时，R1、R2、R3、R4 的阻值不发生变化。

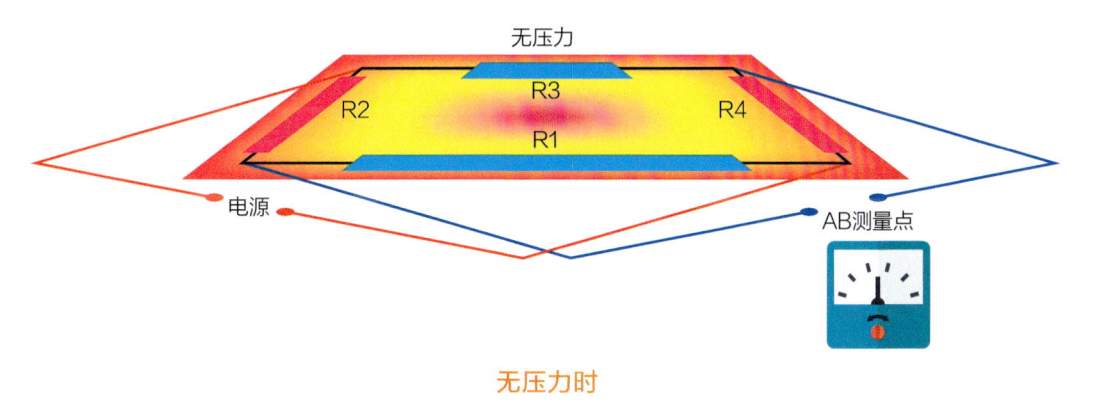

无压力时

当施加向下的压力时，R1、R3 的阻值变大；R2、R4 的阻值变小。A、B 两点阻值发生变化，根据阻值变化可以得出压力大小。

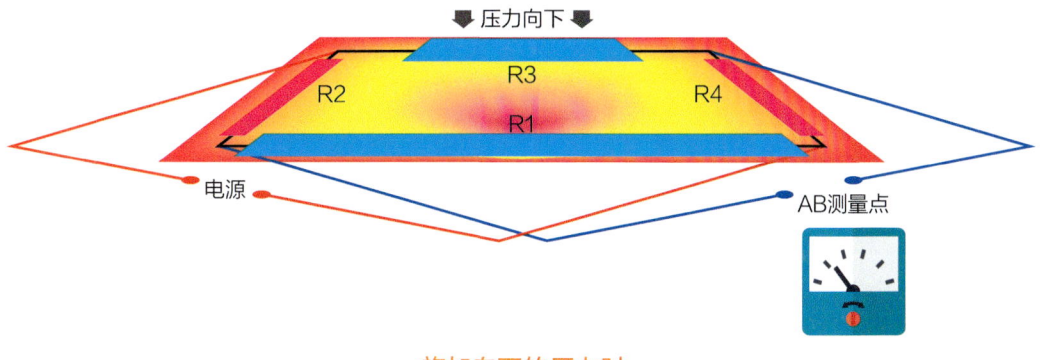

施加向下的压力时

当施加向上的压力时，R1、R3 的阻值变小；R2、R4 的阻值变大。A、B 两点阻值发生变化，根据阻值变化可以得出压力大小。

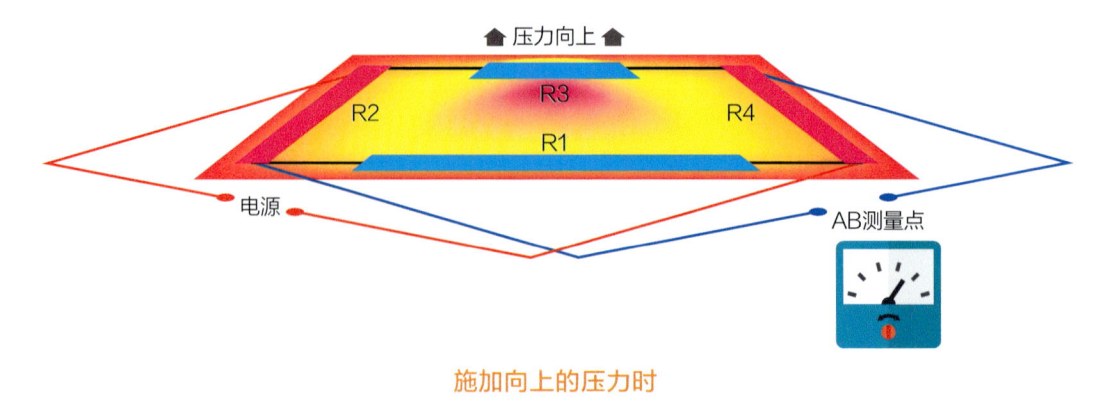

施加向上的压力时

需要注意的是，阻值到底是压力向下时变小，还是压力向上时变小，以实际测量为准。

在了解了 XGZP6847 压力传感器的工作原理后，我们来看看如何使用它。使用时只需按照 XGZP6847 压力传感器的引脚说明和接线示意图，就可以将其正确接入 EV3 了。本节，我们将通过制作简易压力变声器来展示压力传感器的使用场景。

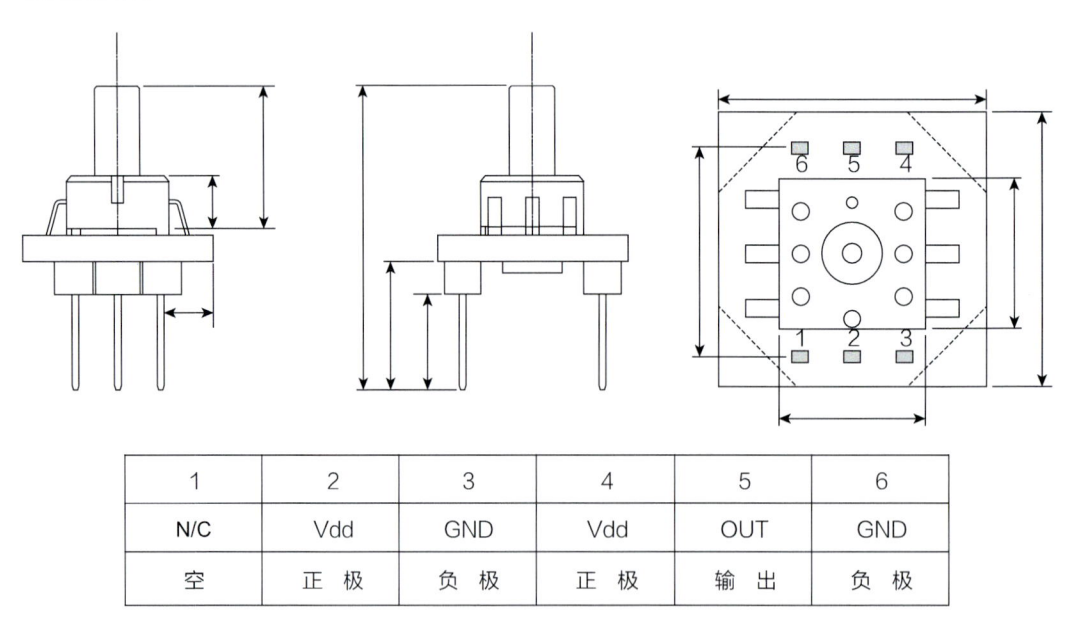

1	2	3	4	5	6
N/C	Vdd	GND	Vdd	OUT	GND
空	正极	负极	正极	输出	负极

XGZP6847 压力传感器的引脚说明

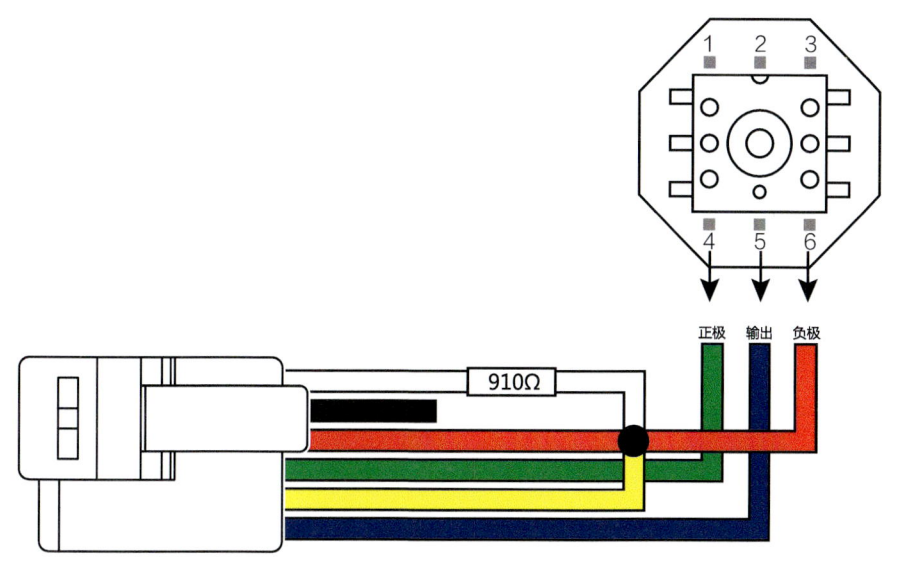

XGZP6847 压力传感器接线示意图

● **拓展范例：简易压力变声器**

压力变声器是根据气压大小调整音调的装置，气压越大，音调越高；气压越小，音调越低。

使用自制的万能连接线连接 EV3 和面包板，然后按照 XGZP6847 压力传感器接线示意图在面包板上搭建电路。

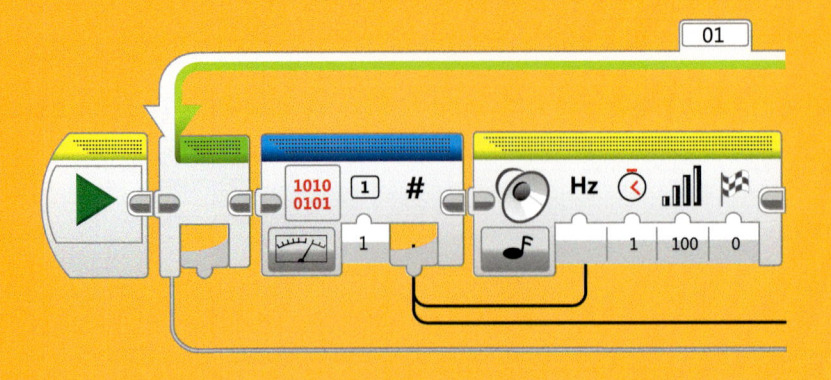

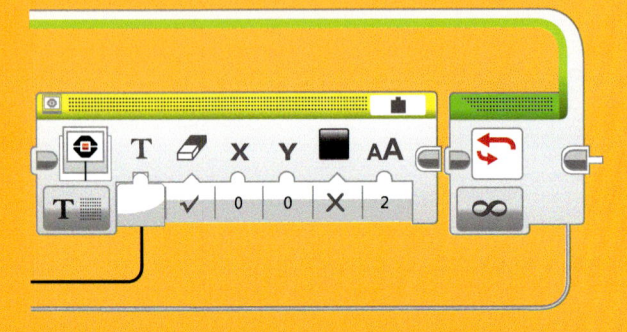

在 Mindstorms 软件中编写程序，使用原始传感器值模块获取压力传感器的值，并在 EV3 显示屏上显示。将显示的值作为声音模块中音调的参数，使音调随气压大小而变化。

在 XGZP6847 压力传感器的接口连接一个橡胶管，橡胶管的另一端接入一个空的针管。这样，压力变声器就制作完成了。接下来，按压针管，EV3 会根据橡胶管内气压的变化发出不同音调的声音。

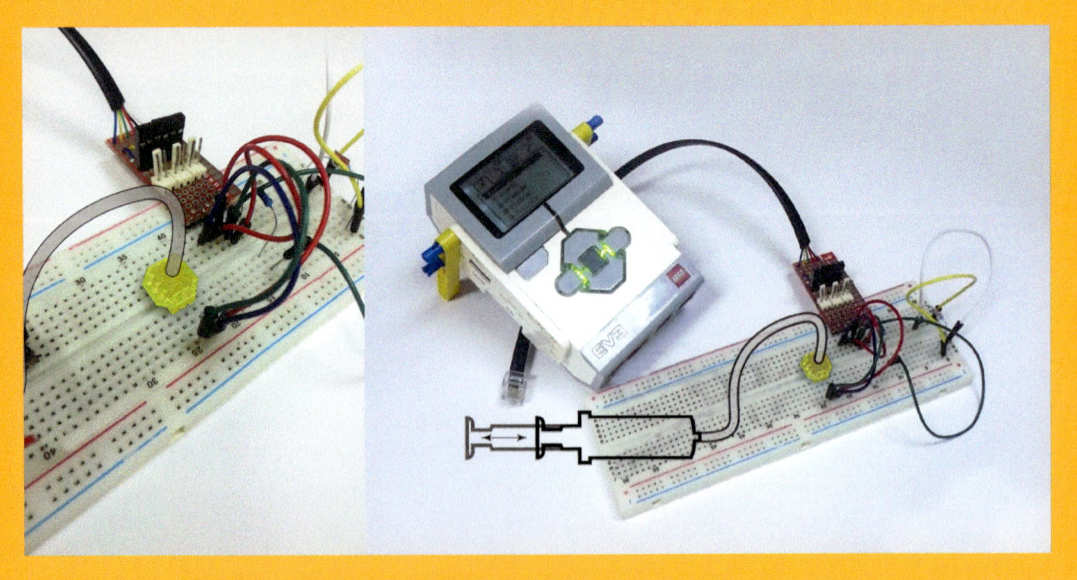

温度传感器

水银温度计是一种基于物质热胀冷缩原理制成的传统测温工具,其核心部件是一根细长的玻璃管,内部填充了一定量的水银。水银作为一种金属元素,拥有相对较高的膨胀系数,因此在温度发生变化时能够显著地改变体积,这一特性被巧妙地用来指示温度。然而,在电子产品中,因体积和信号输出等要求,水银温度计并不适用,而更适合使用体积小且能转换为可输出信号的温度传感器,如 LM35 温度传感器。

LM35 温度传感器

LM35 温度传感器广泛应用于各种需要精确温度测量的场合,其基于半导体的热敏效应工作,能够将环境温度的变化直接转换为与之成线性比例的电压输出,即每摄氏度温度变化对应 10mV 的电压输出。使用时,无须额外的信号校准处理,即可直接读取温度值。在室温下,LM35 温度传感器的精度可达 ±1/4℃。简而言之,LM35 温度传感器具有高精度、线性输出、低功耗、体积小、宽温度范围、无须外部校准等优点。

● 拓展范例:温度计

本节我们以 LM35 温度传感器为例制作温度计,为大家讲解如何在 EV3 上使用温度传感器。

根据接线示意图将 LM35 温度传感器焊接到连接线上。

LM35 温度传感器接线示意图

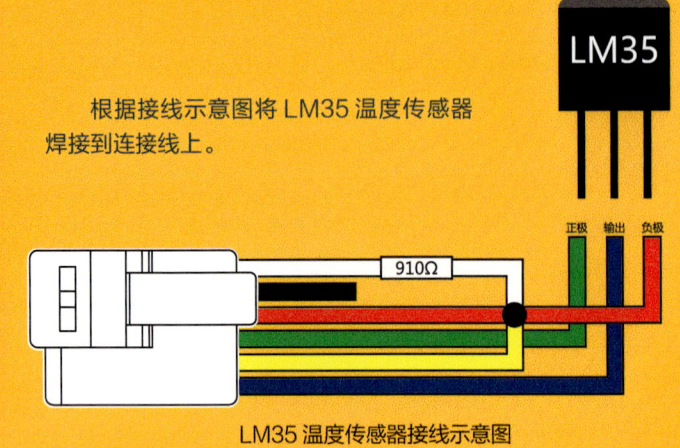

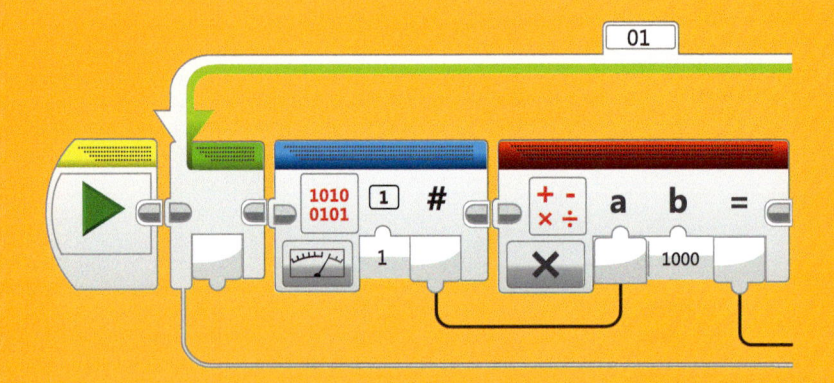

在 Mindstorms 软件中编写程序，使用原始传感器值模块读取 LM35 温度传感器的值，然后将值放大 1000 倍，并将放大后的值显示在 EV3 屏幕上。

此范例旨在向大家展示如何在 EV3 上应用 LM35 温度传感器。需要明确的是，经过 1000 倍放大的值并非直接对应我们通常所说的摄氏温度。不过，这些数值仍然能够让我们大致了解温度的变化趋势。在此，鼓励大家开动脑筋，思考如何改进这个温度计的设计，以提升其精确度。

霍尔传感器

霍尔传感器是根据霍尔效应制作的一种磁场传感器。它可以将磁场的变化转换为电信号，具有测量范围广、精度高、线性度好、动态性能好、电气隔离佳等特点，被广泛应用于工业自动化技术、检测技术及信息处理等方面，如电流电压测量、位置检测、旋转编码、电机控制等领域。

霍尔效应是电磁效应的一种，指当固体导体或半导体放置在一个磁场内，且有电流通过时，导体内的电荷载子（电子或空穴）受到洛伦兹力偏向一侧，继而产生电压（霍尔电压）的现象。电压所引致的电场力会平衡洛伦兹力。霍尔电压与通过导体或半导体的磁场强度成正比。基于这一原理，使用放大电路放大微弱的电压，再封装电路，就得到了霍尔元件。当单个霍尔元件的灵敏度不足以满足使用需求时，人们叠加使用多个霍尔元件，得到了霍尔重叠传感器。

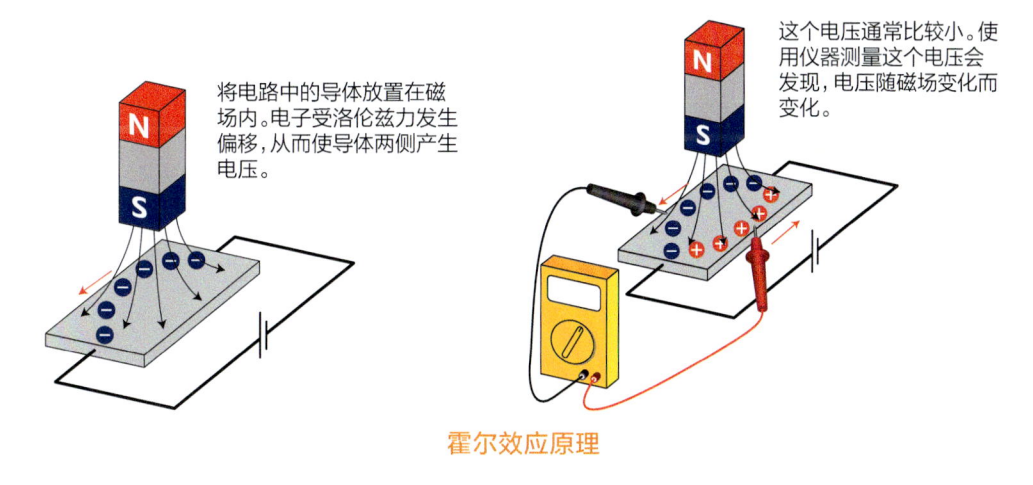

将电路中的导体放置在磁场内。电子受洛伦兹力发生偏移，从而使导体两侧产生电压。

这个电压通常比较小。使用仪器测量这个电压会发现，电压随磁场变化而变化。

霍尔效应原理

接下来，我们通过拓展范例展示如何在 EV3 上使用霍尔传感器。

● 拓展范例：磁场检测仪

基于霍尔传感器的工作原理，我们制作一个简易的磁场检测仪，当检测到附近有磁场时，EV3 发出警报声，并且场强越大，音调越高。

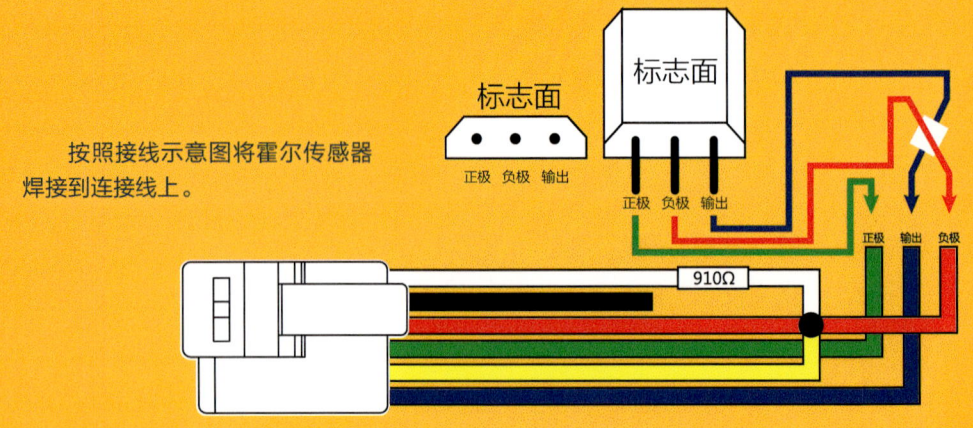

按照接线示意图将霍尔传感器焊接到连接线上。

霍尔传感器接线示意图

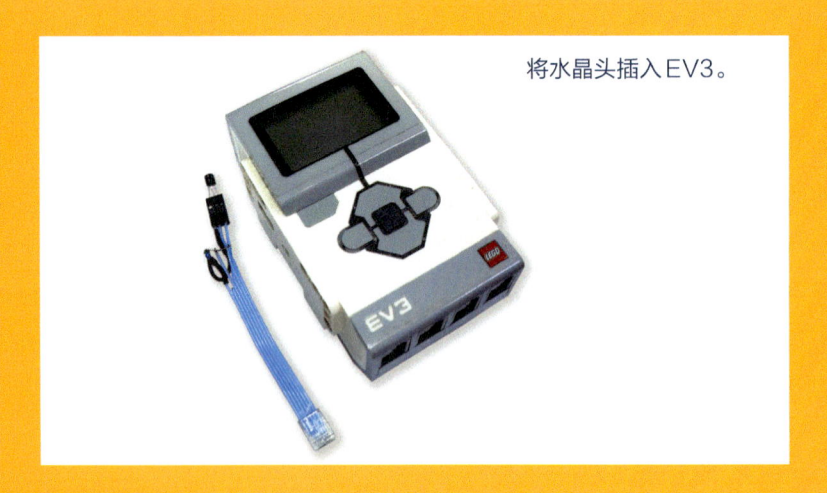

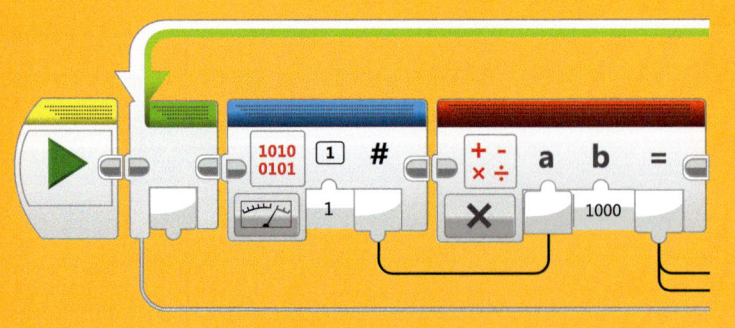

将水晶头插入EV3。

在 Mindstorms 软件中编写程序，使用原始传感器值模块读取霍尔传感器的值，将值显示在 EV3 显示屏上，并将值作为声音模块中音调的参数。当检测到磁场时，EV3 会发出警报声，场强越大音调越高。

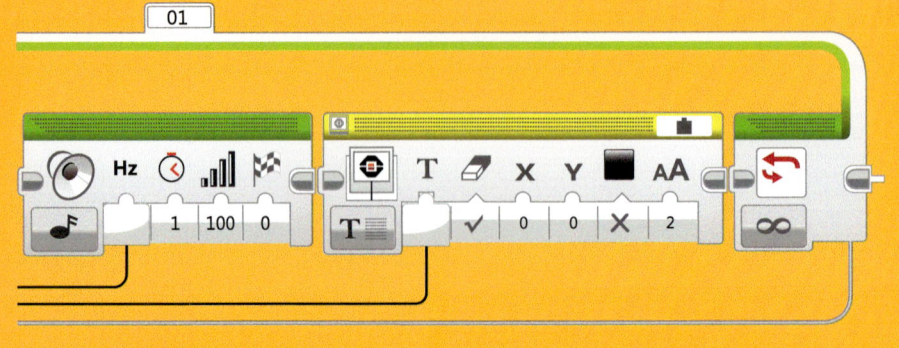

导电滑环

导电滑环，又被称为集电环、滑环、集流环、汇流环、旋转关节或旋转电气界面，是一种实现两个相对转动结构之间数据、信号及动力精密传输的装置。它属于电接触滑动连接的应用范畴，特别适用于需连续旋转的场合，被广泛应用于光电测量、天文导航、光电搜索、精密转台、管道设备、离心机以及各类高端工业电气设备或精密电子设备中。

导电滑环的种类有很多，可以分为过孔型导电滑环（接触型导电滑环）和非接触型导电滑环。

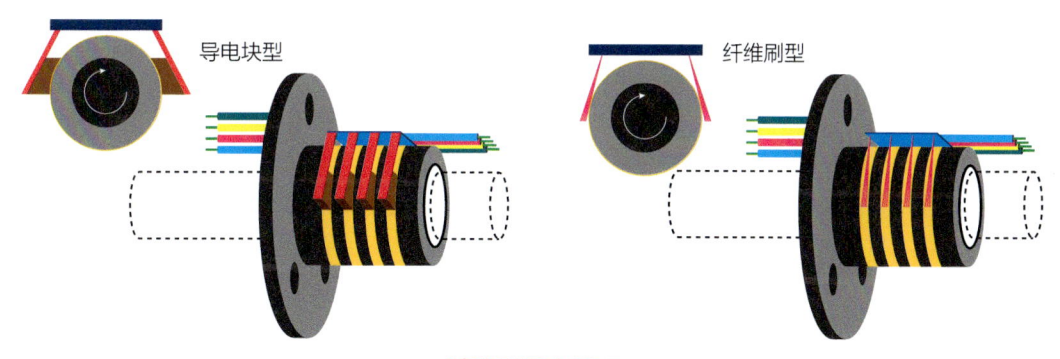

导电块型　　　　　　　　　　　纤维刷型

过孔型导电滑环

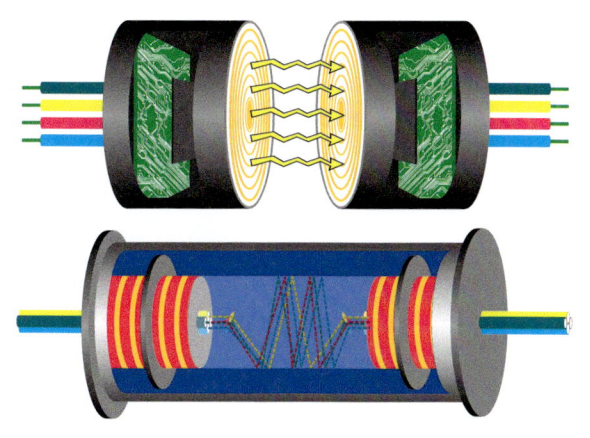

非接触型导电滑环

从下页的两张图中，我们可以明显看出使用导电滑环的优势在于导线不易被缠绕扯坏。

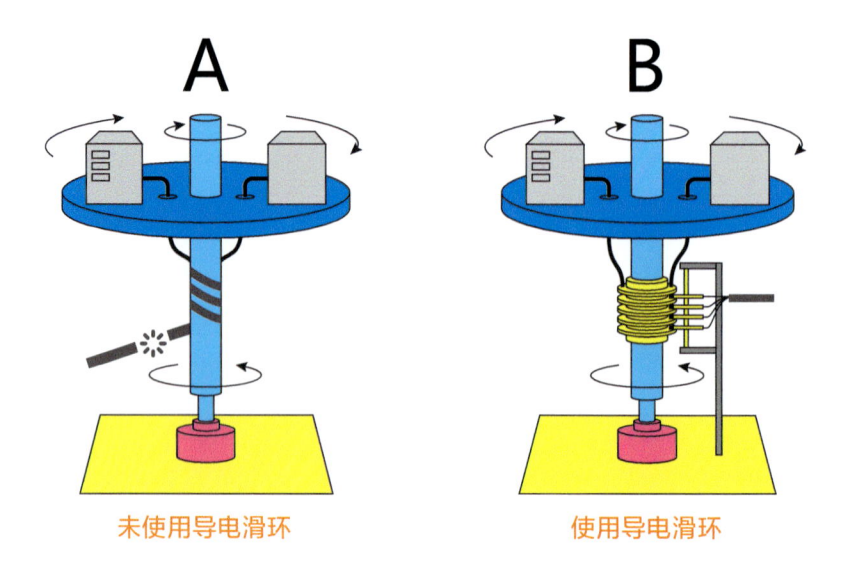

A	B
未使用导电滑环	使用导电滑环

● 拓展范例：雷达

接下来，我们通过制作雷达的过程，介绍与传感器系统紧密相连的导电滑环的使用方法，并展示如何通过导电滑环将 EV3 超声波传感器与 EV3 连接起来，从而实现 EV3 超声波传感器的连续旋转，检测是否有物体靠近的功能。

按照接线示意图在导电滑环两端分别焊接带有水晶头的软排线。

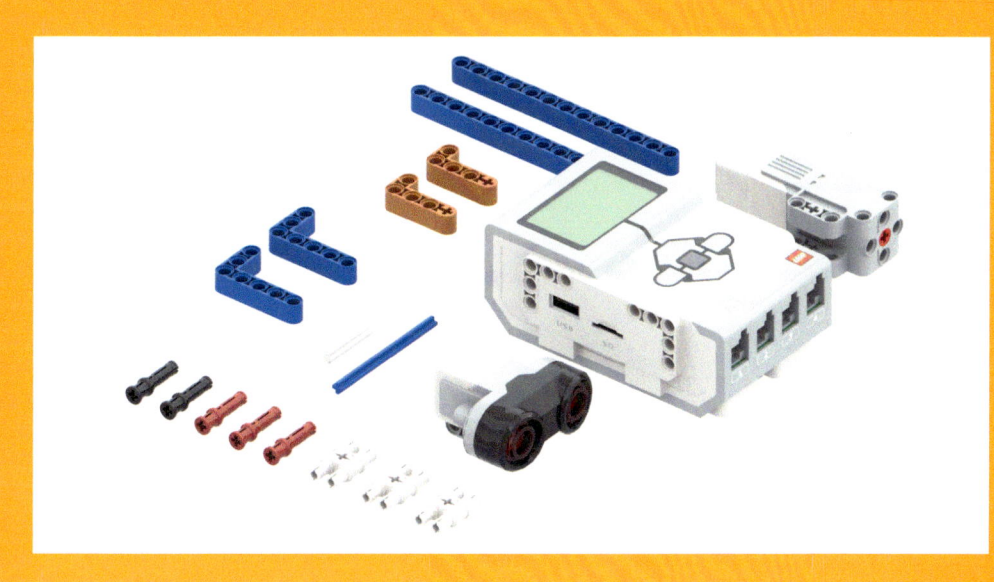

第 3 章　常用传感器及导电滑环应用 | 083

084 | 图解乐高 EV3 传感器 DIY 制作

第 3 章　常用传感器及导电滑环应用 | 085

我们将连接线的两个水晶头分别连接在 EV3 和 EV3 超声波传感器上，雷达的搭建就完成了。

在 Mindstorms 软件中编写程序，使用显示模块、超声波模块、数学模块、中型电机模块等，实现雷达的功能，即 EV3 超声波传感器旋转检测是否有物体靠近，当有物体靠近时，以物体距离 EV3 超声波传感器的距离为半径画圆，并将圆显示在 EV3 显示屏上。

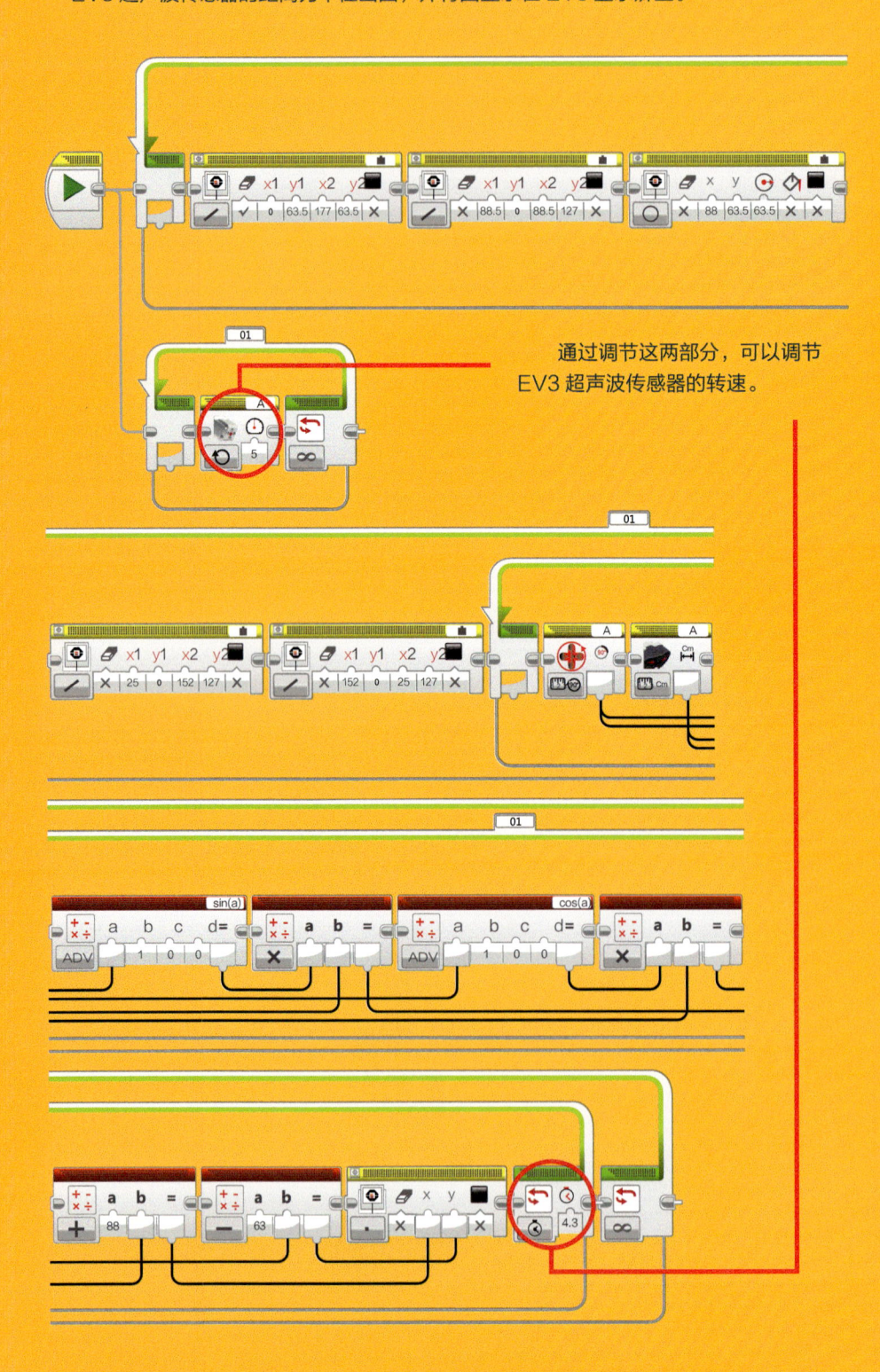

通过调节这两部分，可以调节 EV3 超声波传感器的转速。

第 4 章
焊接技术入门

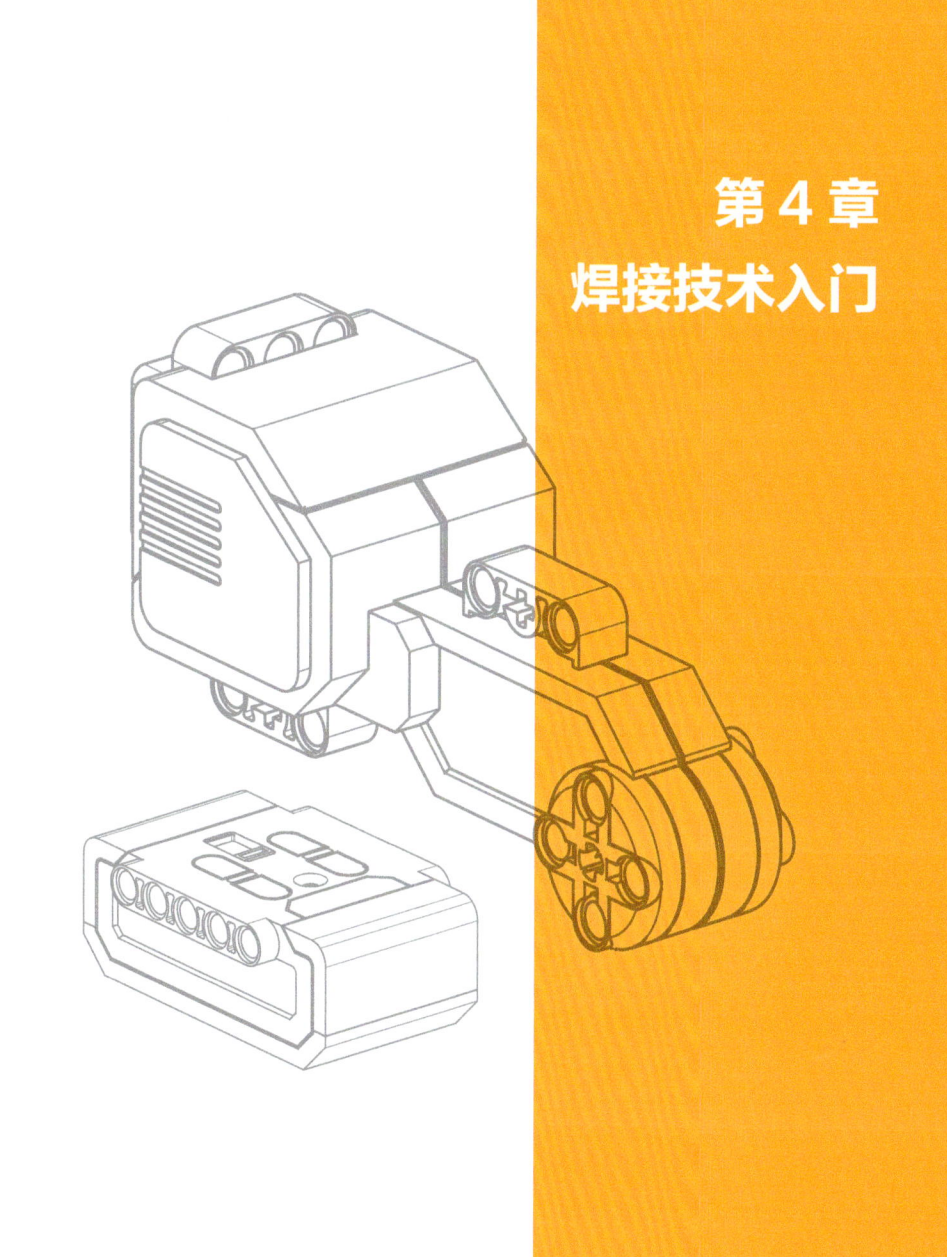

焊接是一项既有趣又充满挑战的操作。它需要使用焊锡和电烙铁等工具来完成。

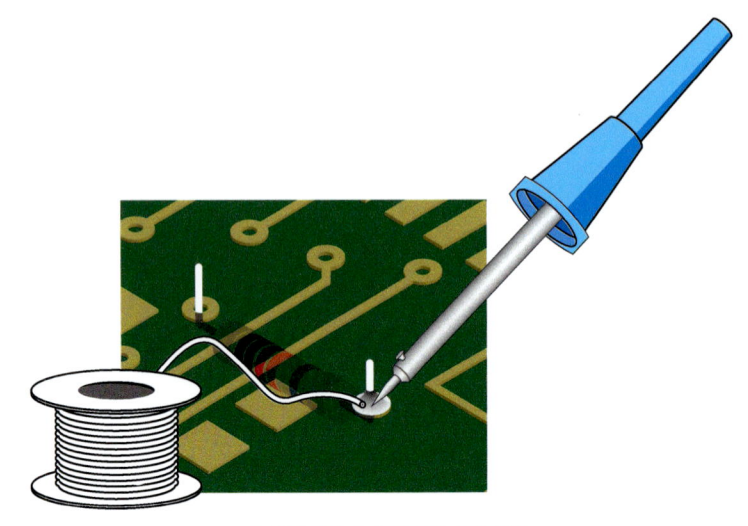

电烙铁熔化焊锡进行焊接

焊锡分为有铅焊锡和无铅焊锡。其中有铅焊锡由锡基合金制成，其主要成分是锡、铅、锑、铜。成分中的锑和铜，用于提高合金强度和硬度。无铅焊锡一般为锡铜合金，其中锡占 99.3%，铜占 0.7%。如果使用有铅焊锡，务必在每次焊接后洗手。焊接过程中手部会接触到铅，虽然含量较低，但养成洗手的习惯有助于减少潜在风险。

这里填充的是松香

焊　锡

作为助焊剂的松香在受热熔化后紧密附着在焊锡表面，形成保护层，有效隔绝空气与焊锡的接触，从而显著减缓焊锡的氧化速度。

电烙铁的尖端温度可达 200℃至 500℃，利用高温熔化焊锡，从而使 PCB 上的焊盘和电子元器件的引脚牢固连接在一起。

高温烙铁头

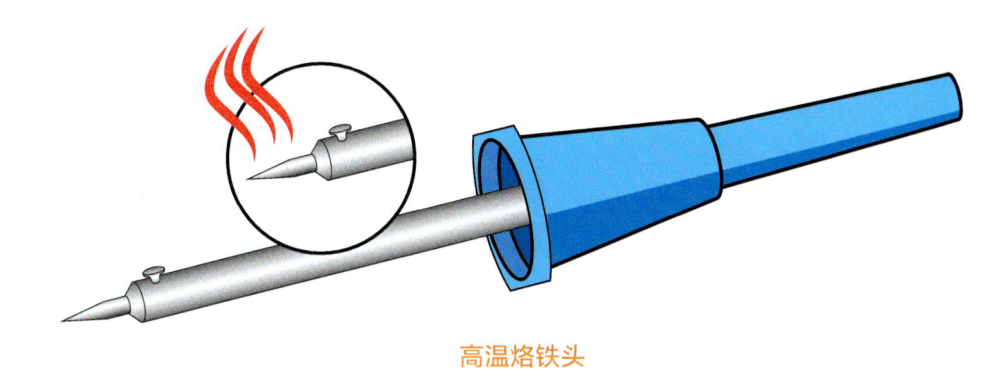

电子电路通过线路将电子元器件连接在一起，PCB 则作为承载电子元器件的底板。

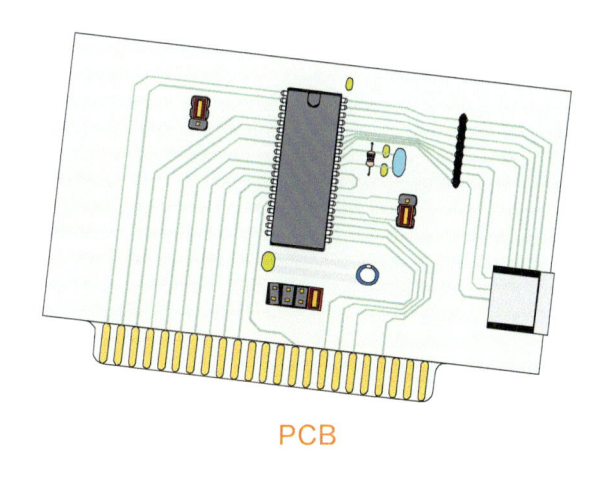

PCB

每个电子元器件都有引脚，这些引脚是元器件和线路连接的纽带。

电子元器件有引脚

将所有元器件按照电路设计要求正确排列，并确保方向准确无误后，进行焊接，电路即可正常工作。有些电子元器件是有方向的，注意不能放错。

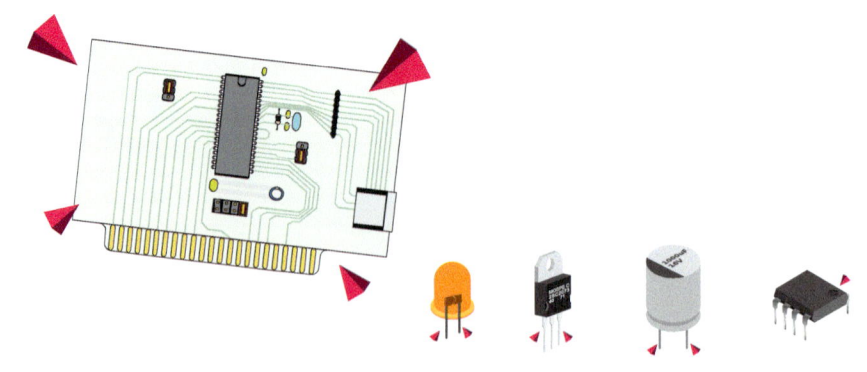

按电设计要求焊接电子元器件

有很多方法连接电子元器件，比如直接使用导线连接，借助洞洞板连接或通过 PCB（直插式、贴片式）进行连接。

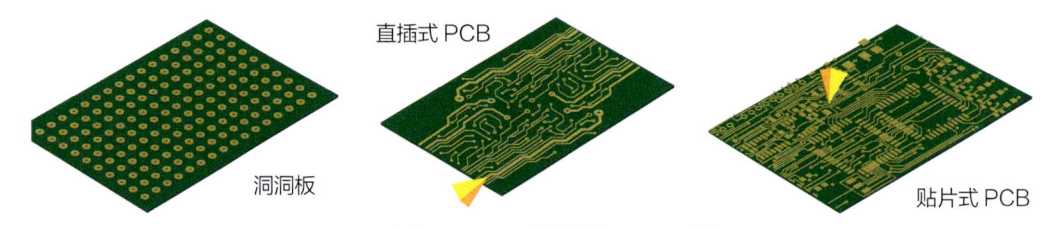

用洞洞板和 PCB 连接电子元器件

这里我们先演示如何在直插式 PCB 上焊接电子元器件。

直插式 PCB 的设计使焊接变得更简单，它配有用于焊接元器件的焊盘，并提供了元器件之间的导通路径。请准备电阻、直插式 PCB、电烙铁、焊锡。

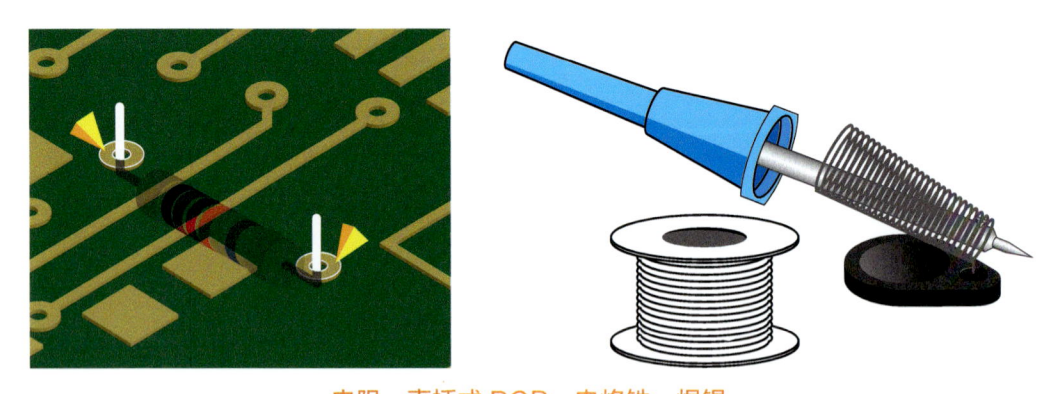

电阻、直插式 PCB、电烙铁、焊锡

接下来从最简单的焊接电阻开始完成第一次焊接。

第 4 章 焊接技术入门 | 091

电阻有两个引脚，与二极管等需要区分正负极的元器件不同，它能按任意方向进行焊接。PCB上通常会有元器件安放位置的标记。

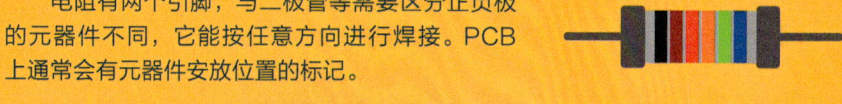

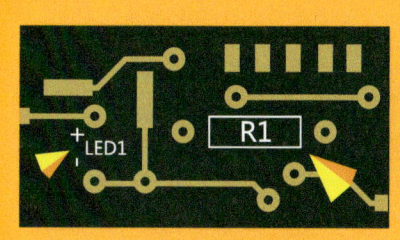

将电阻插入PCB后，像这样把引脚向两边弯折，防止电阻掉落。

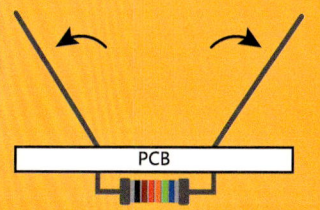

接通电源加热电烙铁，如果烙铁头表面呈现黑色，说明其已经氧化，氧化物会影响热量的传递。因此，在每次焊接前，应清理烙铁头表面的氧化物。

清理氧化物的方法很简单。只需要准备一块湿海绵，将加热后的烙铁头在湿海绵上旋转擦拭，就能去除氧化物。

清理完烙铁头的氧化物后，一手持电烙铁，另一手持焊锡。

用烙铁头接触焊盘和电阻引脚的连接处，等待几秒，使连接处升温。

注意，不要将焊锡直接放置在烙铁头上。

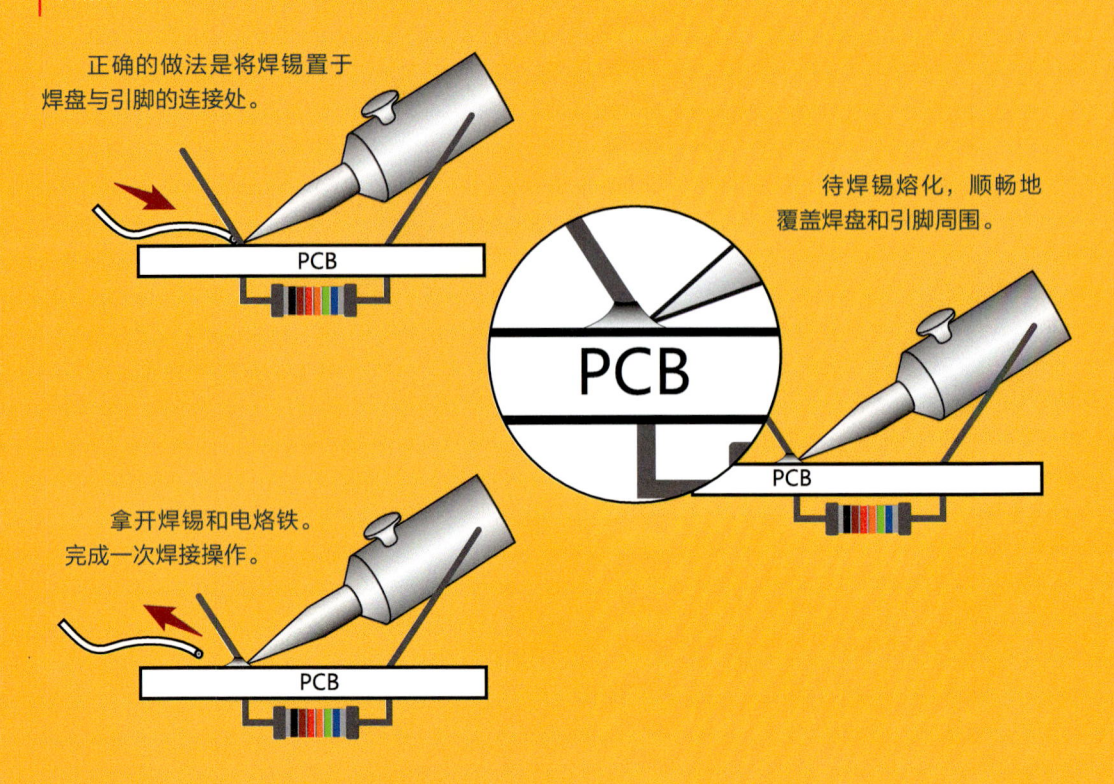

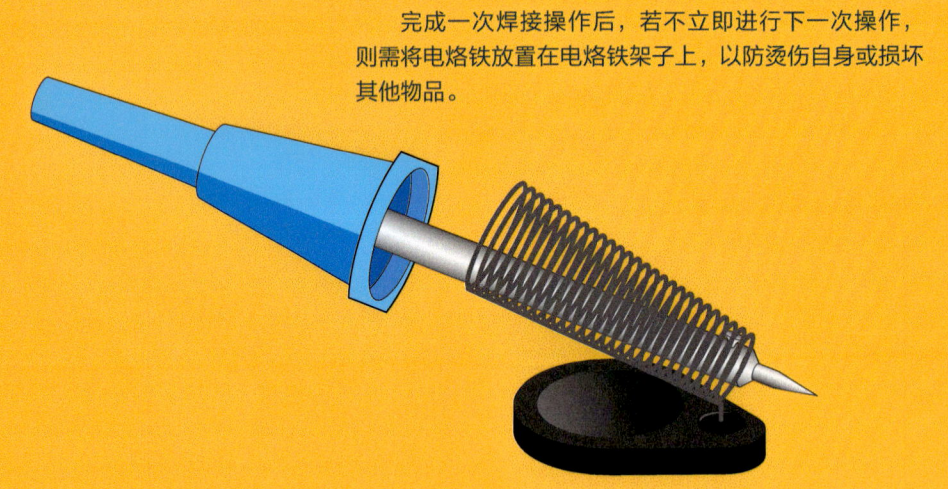

正确的做法是将焊锡置于焊盘与引脚的连接处。

待焊锡熔化，顺畅地覆盖焊盘和引脚周围。

拿开焊锡和电烙铁。完成一次焊接操作。

完成一次焊接操作后，若不立即进行下一次操作，则需将电烙铁放置在电烙铁架子上，以防烫伤自身或损坏其他物品。

焊接过程中会产生烟雾。可以在焊锡熔化时轻吹焊接部位，使烟雾远离呼吸系统，从而保护肺部健康。

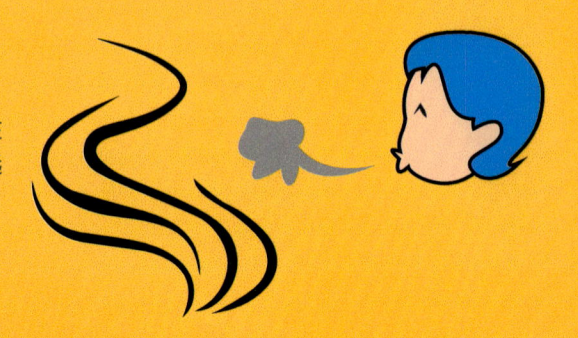

当焊锡均匀地覆盖焊盘并紧密包裹引脚,形成一个光滑且凸起的焊点时,就意味着我们得到了一个美观的焊点。接下来,我将向大家介绍如何掌握制作这种"美观焊点"的技巧。

首先,焊锡的使用量要适中。焊锡过多会导致焊点过大,有可能与其他焊盘接触,从而引发短路的风险。

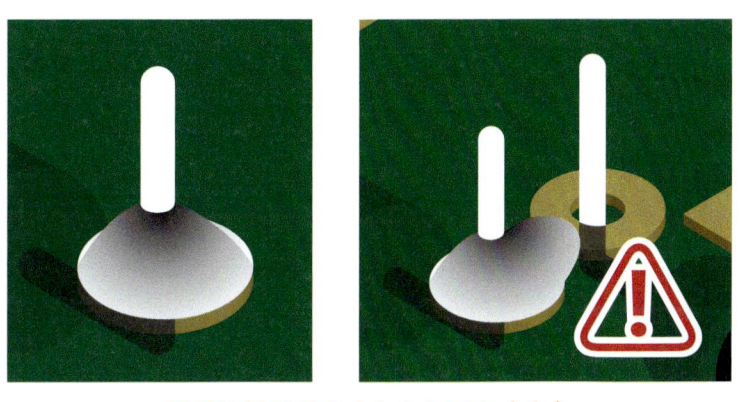

焊锡使用量适中(左)与过多(右)

下图这两种焊锡使用量都是可以接受的。

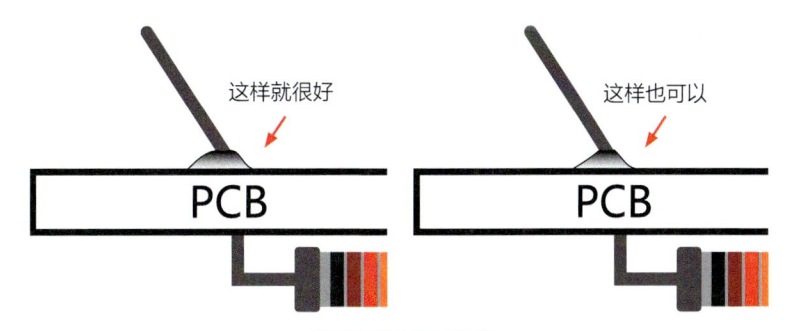

焊锡使用量示例

如果焊锡未能覆盖焊盘,也不必慌张,只需重复之前的焊接步骤,即先清理烙铁头,然后将烙铁头靠近焊盘,让焊锡熔化,再补充一些焊锡即可。

未能覆盖焊盘,要补充焊锡

焊接完成后，应使用斜口钳剪掉引脚，这样做是为了确保引脚不会引发短路。在使用斜口钳时，应将钳子的平口面平行于 PCB，对准焊点的顶端，然后用力剪断引脚。为了防止剪断的引脚飞溅，伤害眼睛，建议在剪断引脚时用手捏住或挡住引脚。

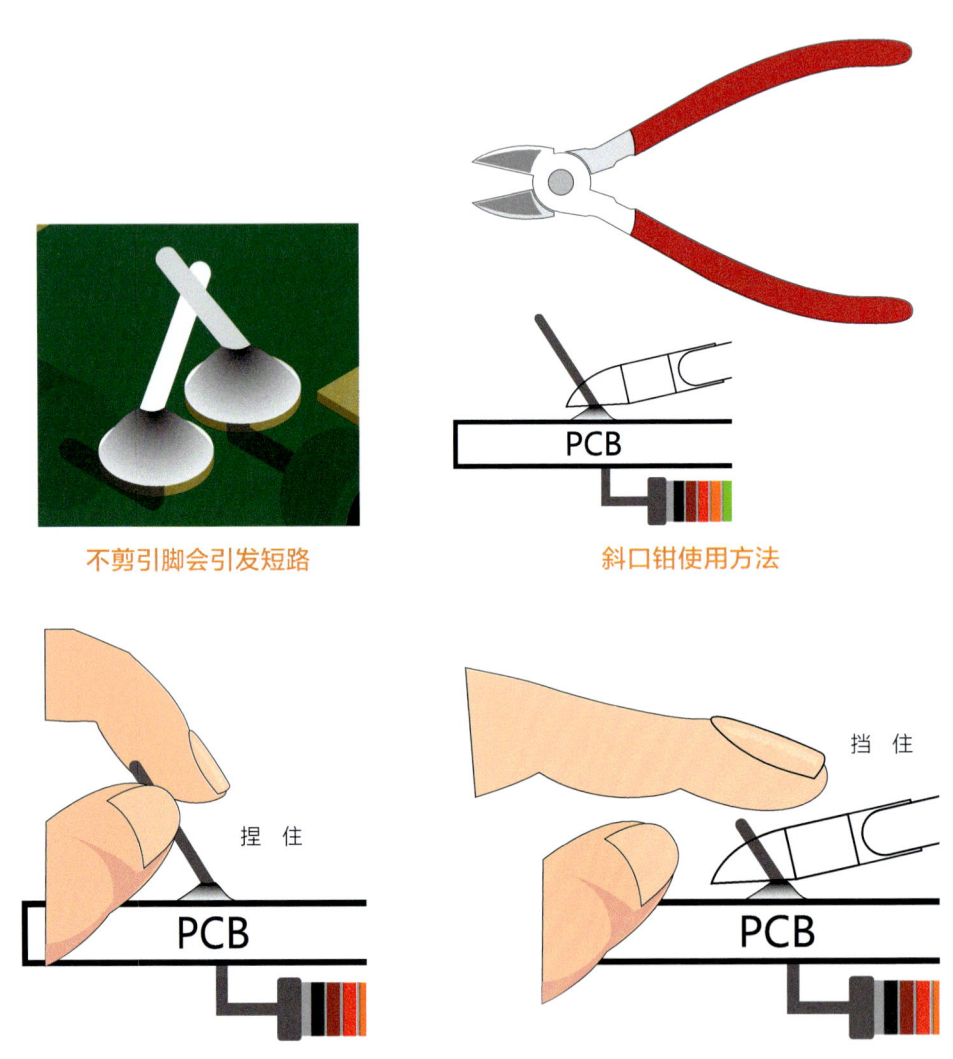

不剪引脚会引发短路

斜口钳使用方法

剪断引脚时捏住或挡住

如果焊点出现毛刺或形状不规整（俗称"鸡屎焊"），该如何处理呢？

我们需要借助一些辅助材料，比如液体松香或焊锡膏（也称松香膏）。焊锡在受热时极易发生氧化，而氧化锡则具有良好的耐高温性能。因此，焊锡表面的氧化层会增加热阻，使得温度传递变得困难，导致焊锡熔化后的流动性降低，形成俗称的"鸡屎焊"，并增加了虚焊的风险。而松香在受热熔化后，会紧密地附着在焊锡表面，有效地隔绝空气与锡的接触，从而减少焊锡表面的氧化，提高焊锡熔化后的流动性。

焊点出现毛刺或形状不规整

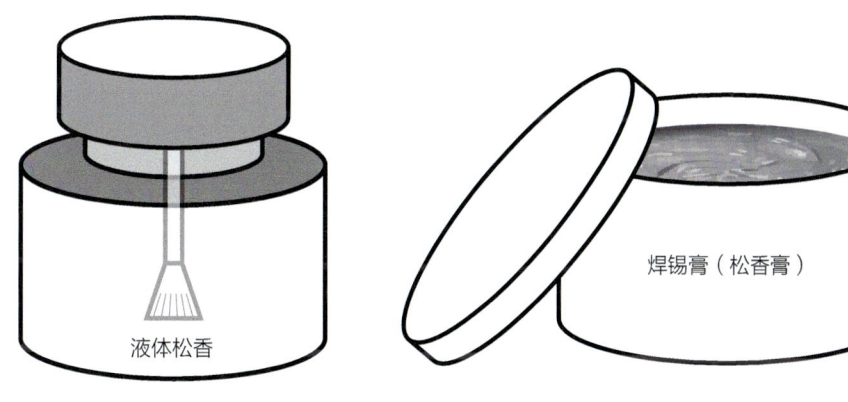

焊锡膏（松香膏）

液体松香

焊锡辅助材料

为了修复有毛刺或形状不规整的焊点，可以使用刷子或牙签将液体松香或焊锡膏涂抹在焊点表面，然后用烙铁头靠近焊点重新加热。焊点熔化并再次凝固后，不仅光泽度会得到提升，焊锡与焊盘之间的结合也会变得更加牢固。

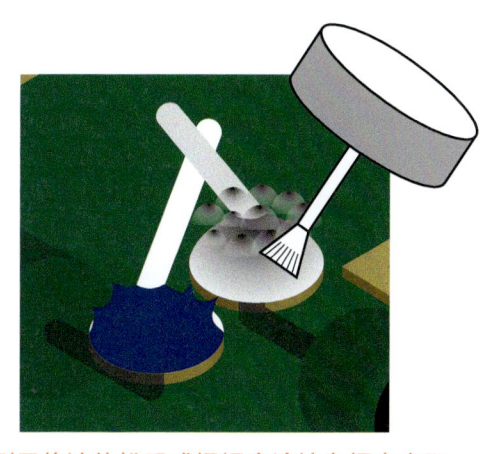

用刷子将液体松香或焊锡膏涂抹在焊点表面

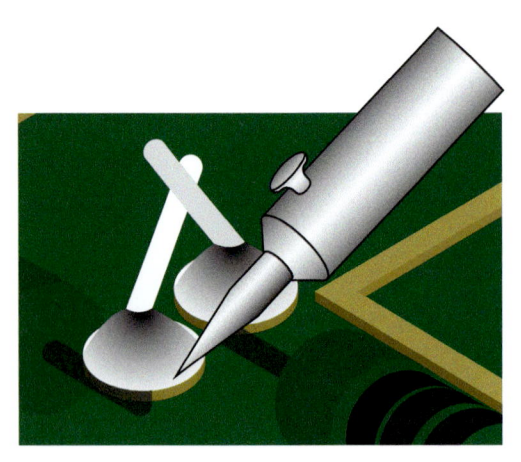

重新加热焊点

焊锡膏可以直接购买得到，而液体松香则可以通过医用酒精和固体松香自制。制作液体松香的方法非常简单，只需将固体松香碾碎后放入容器中，再加入适量的酒精，等待 2 ~ 3 个小时让其充分溶解即可。

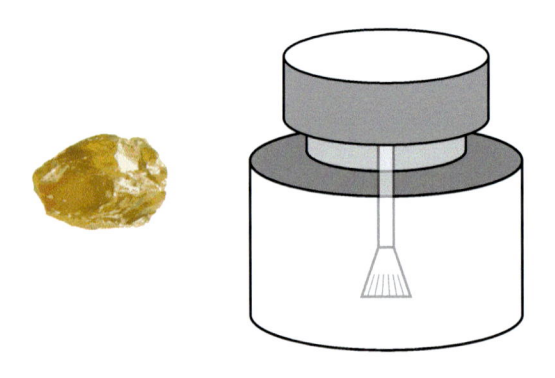

自制液体松香

学会了如何在直插式 PCB 上焊接电子元器件后，接下来可以尝试在贴片式 PCB 上进行焊接了。

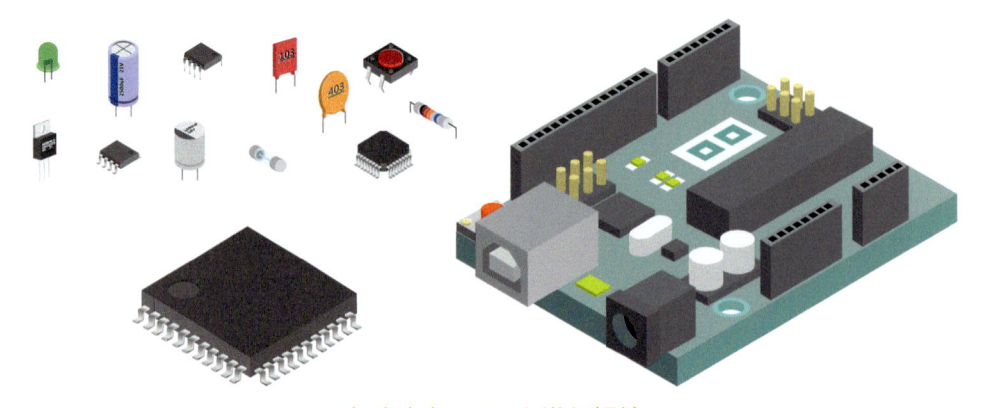

在贴片式 PCB 上进行焊接

第 4 章　焊接技术入门 | 097

在贴片式 PCB 上焊接电子元器件之前，需要先在 PCB 上刷一层液体松香。

在需要焊接电子元器件的位置上熔化一点焊锡，如果元器件有多个引脚，则选其中一个焊接引脚的位置熔化焊锡。

一只手拿镊子夹住贴片式电子元器件，将其放置在合适的位置上；另一只手则持电烙铁靠近之前熔化的焊锡，以完成焊接。

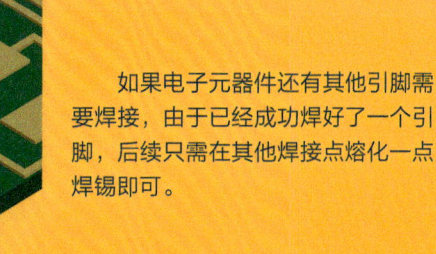

如果电子元器件还有其他引脚需要焊接，由于已经成功焊好了一个引脚，后续只需在其他焊接点熔化一点焊锡即可。

焊接元器件后，PCB 上会残留松香。为了清除这些残留物，我们需要准备一个塑料盒，并在其中倒入适量的酒精。接着，将 PCB 放入塑料盒中，然后轻轻摇晃塑料盒，让酒精充分接触并溶解松香。稍等片刻，待松香完全溶解在酒精中后，将 PCB 取出。
此时的 PCB 会非常干净。

塑料盒中的酒精可以保存下来供下次使用。但需要注意的是，当酒精中积累了大量松香，导致其无法再有效清洗 PCB 时，这些酒精就不适合再用于此目的了。然而，积累了大量松香的酒精可以在没有液体松香的情况下，作为助焊剂使用。

最后，展示如何在贴片式 PCB 上焊接具有更多引脚的 IC 芯片。IC 芯片常采用 QFP（四方扁平封装）或 PFP（塑料扁平组件式封装）。这两种封装形式能承受一定的焊接温度，但这种承受能力是有限的。因此焊接 IC 芯片时，应尽量一次性焊接成功。

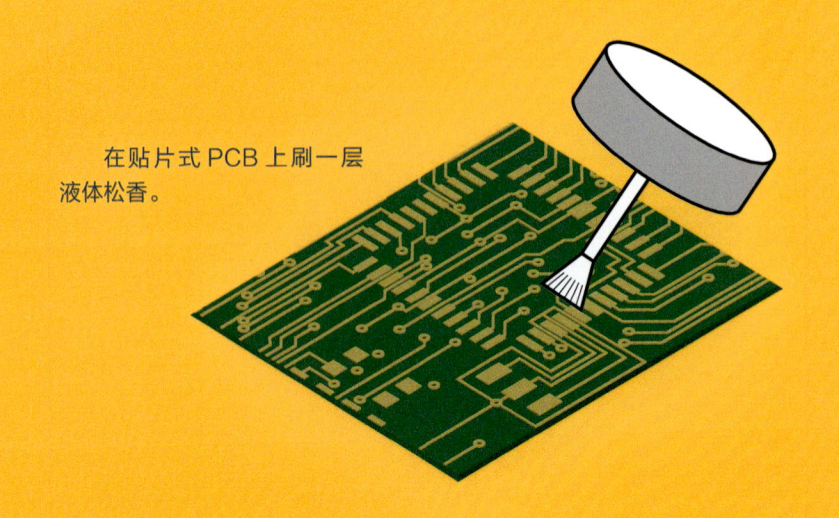

在贴片式 PCB 上刷一层液体松香。

找到IC芯片预定的焊接位置，先选择一个引脚的焊接位置，并在该位置上熔化一点焊锡。

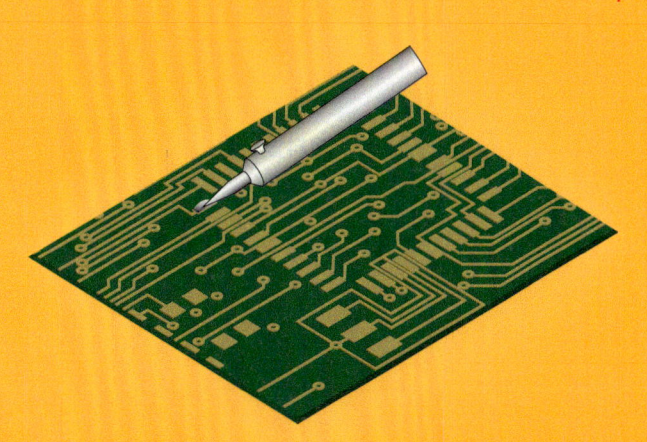

将IC芯片摆放在贴片式PCB的预定位置上。然后，将烙铁头靠近刚刚熔化的焊锡点，以焊住IC芯片的一个引脚。在此过程中，如果芯片位置稍有挪动，不必惊慌，可以在后续的焊接过程中进行轻微调整。

焊接位于已焊住引脚对角位置的引脚，固定IC芯片位置。

焊接IC芯片上剩余的所有引脚。

如果你的焊接未能成功，或者对自己的焊接成果不满意，请不要着急。记住，失败乃成功之母。只要多加练习，就能积累更多的经验和知识。

焊接技术入门的内容就讲解到这里了。现在，让我们灵活运用这项技术，动手制作适用于 EV3 的传感器，使闲置的 EV3 重获新生，让创意再出发。

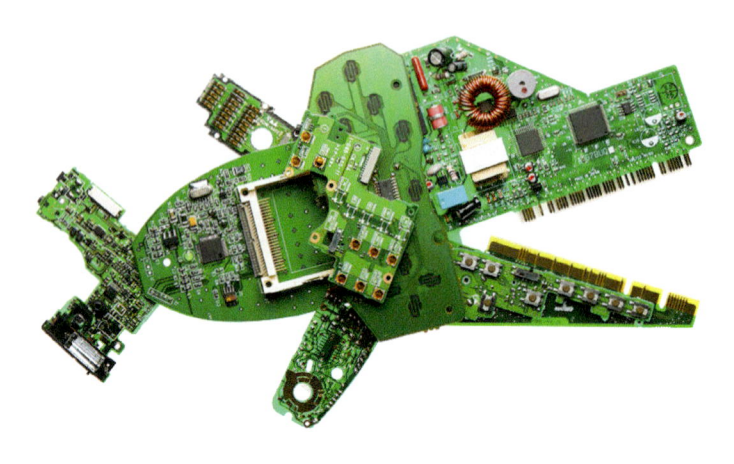

使用闲置材料焊接制成的小鳄鱼